空调用封闭式冷却塔

李永安　著

中国建筑工业出版社

图书在版编目(CIP)数据

空调用封闭式冷却塔/李永安著．—北京：中国建筑工业出版社，2008
ISBN 978-7-112-10053-8

Ⅰ.空…　Ⅱ.李…　Ⅲ.空气调节器-冷却塔　Ⅳ.TB651

中国版本图书馆 CIP 数据核字(2008)第 056020 号

空调用封闭式冷却塔
李永安　著
*
中国建筑工业出版社出版、发行(北京西郊百万庄)
各地新华书店、建筑书店经销
北京天成排版公司制版
北京建筑工业印刷厂印刷
*
开本：787×1092 毫米　1/16　印张：9¼　字数：230 千字
2008 年 2 月第一版　2008 年 2 月第一次印刷
印数：1—3000 册　定价：**30.00** 元
ISBN 978-7-112-10053-8
(16856)

本书首先根据空调系统及空调建筑的特点，阐述了空调用冷却塔室外气象条件的确定原则。在分析空调用封闭式冷却塔传热传质现象的基础上，利用微积分理论和热平衡原理，建立了封闭式冷却塔的数学模型，借助于饱和湿空气焓与喷淋水温度之间的函数关系，用变量替换的方法，求出了微分方程的解析解。建立了封闭式冷却塔性能实验台，对封闭式冷却塔的性能进行了全面测试，绘制了空气湿球温度、空气流量、喷淋水循环量与冷却水出口温度、冷却能力之间的关系曲线。进而以实测数据为训练样本，利用3层BP神经网络对冷却塔出口水温进行了预测，用神经网络建立的动态模型可预测任意时刻的冷却水出口温度，为研究封闭式冷却塔的动态特性开辟了一条新的途径。书中还介绍了空调用封闭式冷却塔空气阻力的计算方法，对风筒出口中心处空气流动现象进行了研究。

*　　*　　*

责任编辑：张文胜　姚荣华
责任设计：赵明霞
责任校对：王　爽　兰曼利

前　言

水的冷却循环使用是节约水资源和保护环境的重要途径。封闭式冷却塔是一种新型的冷却设备，它具有能够保持冷却水的清洁、功能多、节约能源、用途广泛、对环境的适应能力强、可用于冷却高温水等优点。因此，对封闭式冷却塔进行深入研究很有必要。

本书的主要内容包括9章。第1章绪论，第2章湿空气的性质，第3章冷却塔的冷却原理，第4章空调用冷却塔室外气象条件的确定，第5章封闭式冷却塔数学模型的建立，第6章封闭式冷却塔的实验研究，第7章封闭式冷却塔的动态特性，第8章封闭式冷却塔空气流动特性研究，第9章封闭式冷却塔综合评价方法的探讨。

本书能够得以出版，首先感谢恩师中国石油大学(华东)李继志教授多年的教诲和培养。

山东新鲁建设集团公司总工程师尚丰伟，青岛三合环保设备厂于钦伦厂长，山东建筑大学刘学来教授，山东建筑大学设计研究院张晓峰工程师，山东建筑大学热能工程学院硕士研究生顾浩等同志，在该项目的研究过程中，均给予了极大的支持与帮助。作者在此一并表示衷心地感谢。

本书可用作高等院校有关专业的选修课教材或研究生教材，也可供工程技术人员参考。

空调用封闭式冷却塔是由多种部件组成的新型冷却设备，其中既有传热又有传质，现象较为复杂，影响其性能的因素众多，加上作者水平有限，恳请读者不吝赐教。

李永安

2007年9月

目　录

第1章 绪 论

1.1 水资源的特征

水是生命之源，是人类和一切生物赖以生存的不可缺少的一种宝贵资源。水是生态与环境的基本要素，是支撑生命系统、非生命环境系统正常运转的重要条件。水既是基础性资源，又是战略性资源，也是整个国民经济的命脉。如果缺少水资源，将无法维持地球的生命力和生态、生物的多样性，生态与环境也必将遭到破坏。水是一个国家或地区经济建设和社会发展的重要自然资源和物质基础。随着人口增长、社会经济发展，对水资源的需求量不断增加，水资源短缺和水环境污染问题日益突出，严重地困扰着人类的生存和发展。水问题已不再仅限于某一地区或某一时段，而成为全球性、跨世纪的关注焦点。

水不停地运动着，积极参与自然界中一系列物理的、化学的和生物的作用过程，在改造自然的同时，也不断地改造自身的物理化学与生物学特性。由此表现出水作为地球上重要自然资源所独有的性质特征。

水资源的循环性。水资源与其他固体资源的本质区别在于其所具有的流动性，它是在循环中形成的一种动态资源，具有循环性。水循环系统是一个庞大的天然水资源系统，处在不断地开采、补给和消耗、恢复的循环之中，可以不断地供给人类利用和满足生态平衡的需要。

水储量的有限性。水资源处在不断地消耗和补充过程中，具有恢复性强的特征。但实际上全球淡水资源的储量是十分有限的。全球的淡水资源仅占全球总水量的2.5%，大部分储存在极地冰帽和冰川中，真正能够被人类直接利用的淡水资源仅占全球总水量的0.8%。从水量动态平衡的观点来看，某一期间的水消耗量接近于该期间的水补给量，否则将会破坏水平衡，造成一系列不良的环境问题。可见，水循环过程是无限的，水资源的储量是有限的。

水资源时空分布的不均匀性。水资源在自然界中具有一定的时间和空间分布。时空分布的不均匀性是水资源的又一特性。全球水资源的分布表现为极不均匀，最高的和最低的相差数十倍。我国水资源在区域上分布也极不均匀，表1-1是我国各流域多年平均水资源分布情况。在同一地区中，不同时间分布差异性也很大。

我国各流域多年平均水资源的分布 **表1-1**

流域名称	面积占全国比例(%)	年水资源总量		人口占全国比例(%)	耕地占全国比例(%)	人均水量(m^3/人)	单位耕地面积水量(m^3/hm^2)
		($\times10^8m^3$)	占全国比例(%)				
黑龙江流域	9.5	1352	4.8	5.1	13.0	2297	10688
辽 河 流 域	3.6	577	2.1	4.7	6.7	1064	8850
海滦河流域	3.3	421	1.5	9.8	10.9	372	3968

续表

流域名称	面积占全国比例(%)	年水资源总量		人口占全国比例(%)	耕地占全国比例(%)	人均水量(m^3/人)	单位耕地面积水量(m^3/hm^2)
		($\times10^8m^3$)	占全国比例(%)				
黄河流域	8.3	744	2.6	8.2	12.7	786	6019
淮河流域	3.5	961	3.4	15.7	14.9	530	6628
长江流域	19.0	9613	34.2	34.8	24.0	2394	41169
珠江流域	6.1	4708	16.8	10.9	6.8	3743	72205
浙闽台诸河	2.5	2592	9.2	7.2	3.4	3120	78308
西南诸河	8.9	5853	20.8	1.5	1.8	33813	334457
内陆诸河	35.3	1303	4.6	2.1	5.8	5378	23103
总 计	100.0	28124	100.0	100	100	2437	28904

水资源利用的多样性。水资源是被人类在生产和生活中广泛利用的资源，不仅广泛应用于农业、工业和生活，还应用于发电、水运、水产、旅游和环境改造等。在各种不同的用途中，消费性用水与非常消耗性或消耗很小的用水并存。用水目的不同而且对水质的要求各不相同，应该使得水资源一水多用、充分发挥其综合效益。

水资源与其他固体矿产资源相比，最大区别是：水资源具有既可造福于人类，又可危害人类生存的两重性。水资源质、量适宜，且时空分布均匀，将为区域经济发展、自然环境的良性循环和人类社会进步作出巨大贡献。水资源开发利用不当，又可制约国民经济发展，破坏人类的生存环境。如水利工程设计不当、管理不善，可造成垮坝事故，引起土壤次生盐碱化。水量过多或过少的季节和地区，往往又产生了各种各样的自然灾害。水量过多容易造成洪水泛滥，内涝渍水；水量过少容易形成干旱等自然灾害。适量开采地下水，可为国民经济各部门和居民生活提供水源，满足生产、生活的需求。无节制、不合理地抽取地下水，往往引起水位持续下降、水质恶化、水量减少、地面沉降，不仅影响生产发展，而且严重威胁人类生存。正是由于水资源的双重性质，在水资源的开发利用过程中尤其强调合理利用、有序开发，以达到兴利除害的目的。

1.2 水资源的分布

地球表面面积为 $5.1\times10^8km^2$，水圈(地壳表层、表面和围绕地球的大气层中气态、液态和固态的水组成的圈层)内全部水体总储量达 $13.86\times10^8km^2$。海洋面积为 $3.61\times10^8km^2$，占地球总表面积的 70.8%。含盐量为 35g/L 的海洋水量为 $13.38\times10^8km^3$，占地球总储水量的 96.5%。陆地面积为 $1.49\times10^8km^2$，占地球总表面的 29.2%，水量仅为 $0.48\times10^8km^3$，占地球水储量的 3.5%。

在陆地有限的水体中并不全是淡水。据统计，陆地上的淡水量仅为 $0.35\times10^8km^3$，占陆地水储量的 73%。其中，$0.24\times10^8km^3$(占淡水储量的 69.6%)分布于冰川、多年积雪、两极和多年冰土中，在现有的经济技术条件下很难被人类所利用。人类可利用的水只有 $0.1\times10^8km^3$，占淡水总量的 30.4%，主要分布在 600m 深度以内的含水层、湖泊、河流、土壤中。地球上各种水的储量如表 1-2 所示。

地球上水储量 表 1-2

水体种类	储水总量		咸水		淡水	
	水量(km^3)	比例(%)	水量(km^3)	比例(%)	水量(km^3)	比例(%)
海洋水	1338000000	96.54	1338000000	99.04	0	0
地表水	24254100	1.75	85400	0.006	24168700	69.0
冰川与冰盖	24064100	1.736	0	0	24064100	68.7
湖泊水	176400	0.013	85400	0.006	91000	0.26
沼泽水	11470	0.0008	0	0	11470	0.033
河流水	2120	0.0002	0	0	2120	0.006
地下水	23700000	1.71	12870000	0.953	10830000	30.92
重力水	23400000	1.688	12870000	0.953	10530000	30.06
地下水	300000	0.022	0	0	300000	0.86
土壤水	16500	0.001	0	0	16500	0.05
大气水	12900	0.0009	0	0	12900	0.04
生物水	1120	0.0001	0	0	1120	0.03
全球总储量	1385984600	100	1350955400	100	35029200	100

由此可见，地球上水的储量是巨大的，但可供人类利用的淡水资源在数量上是极为有限的，占全球水总储量的不到 1%。即便如此有限的淡水资源，其分布也极不均匀。表 1-3 表示世界各大洲淡水资源的分布状况。

世界各大洲淡水资源分布 表 1-3

名称	面积($\times 10^4 km^2$)	年降水量		年径流量		径流系数	径流模数($L/(S \cdot km^2)$)
		mm	km^3	mm	km^3		
欧洲	1050	789	8290	306	3210	0.39	9.7
亚洲	4347.5	742	32240	332	14410	0.45	10.5
非洲	3012	742	22350	151	4750	0.2	4.8
北美洲	2420	756	18300	339	8200	0.45	10.7
南美洲	1780	1600	28400	660	11760	0.41	21.0
大洋洲①	133.5	2700	3610	1560	2090	0.58	51.0
澳大利亚	761.5	456	3470	40	300	0.09	1.3
南极洲	1398	165	2310	165	2310	1.0	5.2
全部陆地	14900	800	119000	315	46800	0.39	10.0

① 不包括澳大利亚，但包括塔斯马尼亚岛、新西兰岛和伊里安岛等岛屿。

由表1-3可见，世界上水资源最丰富的大洲是南美洲，其中，赤道地区水资源最为丰富。相反，热带和亚热带地区差不多只有陆地水资源总量的1%。水资源较为缺乏的地区是中亚南部、阿富汗、阿拉伯和撒哈拉。西伯利亚和加拿大北部地区因人口稀少，人均水资源量相当高。澳大利亚的水资源并不丰富，总量不多。就各大洲的水资源相比较而言，欧洲稳定的淡水量占其全部水量的43%，非洲占45%，北美洲占40%，南美洲占38%，澳大利亚和大洋洲占25%。

我国河流、湖泊众多，水量丰沛，根据一些特征，天然水的分布基本上可分为4个区：潮湿区、湿润区、过渡区和干旱区。这是由气候、地形、土壤、地质等各种条件决定的，它们的降水和径流量、浑浊度、含盐量及化学组成等各有特点，见表1-4。

我国各地区的水质特征　　**表1-4**

水质特征 \ 分区	潮湿区	湿润区	过渡区	干旱区
年降水量(mm)	>1600	800～1600	400～800	<400
年径流量($\times 10^8 m^3$)	>1000	100～1000	25～100	<25
平均含沙量(kg/m^3)	0.1～0.3	0.2～5	1～30	—
常见浑浊度(mg/L)	10～300	100～2000	500～20000	—
含盐量(mg/L)	<100	100～300	200～500	>500
总硬度(mmol/L)	<0.5	0.5～1.5	1.5～3.0	>3.0
pH	6.0～7.0	6.5～7.5	7.0～8.0	7.5～8.0以上
地区范围	东南沿海	长江流域、西南地区、黑龙江、松花江流域	黄河流域、河北地区、辽河流域	内蒙地区、西北地区

潮湿区：潮湿区为我国东南沿海地区，降水量丰富而蒸发量小，因而径流量大。土壤层薄，多坚硬花岗岩地层，故河水含沙量低，浑浊度也低，一般在10mg/L左右。土壤经多年淋浴，可溶性盐已流失，所以水的含盐量低，硬度也低，属软水。水中主要化学组成为碳酸氢钙和碳酸氢钠等。

湿润区：湿润区为长江流域及其以南地区，黑龙江和松花江流域之间的地区也属湿润区。该区降水充足，蒸发量不大，故径流量较大。长江上游，如金沙江、嘉陵江等江段含沙量较大，浑浊度可达1000mg/L以上。由于区内降水充足，径流量大，所以，含盐量一般不高，在200mg/L左右。但在贵州、广西地区有石灰岩溶洞，水的硬度增大。在长江流域，水中主要化学组成为碳酸氢钙类，在东北地区也有含碳酸氢钠的。

过渡区：过渡区为黄河流域及其以北地区，直到辽河流域。该区降水量较少，蒸发量较大，故径流量不大，水量贫乏。黄河虽为我国第二大河，但年径流量只有长江的1/20左右。

干旱区：干旱区为内蒙古和西北大片地区。该区降水量少而蒸发多，因此形成径流量很低的干旱地带。由于径流量小，土壤中可溶性盐含量高，所以水的含盐量和硬度都很高。水中主要组成是硫酸盐或氯化物类。

1.3 水资源的重要性

水资源供需矛盾随着人口与经济的增长将进一步加剧，水资源危机严重威胁着区域经济社会可持续发展，主要表现在以下几个方面。

(1) 水资源危机导致生态与环境的恶化

水不仅是社会经济发展不可取代的重要资源，同时，也是生态与环境系统不可缺少的组成要素。随着社会经济的发展，水资源的需求量越来越大，为了取得足够的水资源供给社会，人们过度开发水资源，争夺生态与环境用水量，结果导致一系列的生态与环境问题的出现。例如，我国西北干旱、半干旱地区水资源天然不足，为了满足社会经济发展的需要，便人为地盲目开发利用，这不仅造成水资源本身的消退，加重水资源危机，同时，使得本已十分脆弱的生态系统进一步恶化、天然植被大量消亡、河湖萎缩、土地沙漠化等问题的出现，已经危及到人类的生存与发展。目前，水资源不足与生态恶化已经成为制约部分地区经济社会可持续发展的两大限制性因素。

(2) 水资源短缺将威胁粮食安全

粮食是人类生活不可缺少的物质，粮食生产依赖于水资源的供给。目前，由于缺水而不得不缩小灌溉面积和有效灌溉次数。因此，造成粮食产量减产，威胁人类生存。

(3) 水资源危机给国民经济带来重大损失

由于水资源短缺导致工业规模缩小、农业减产，直接带来严重的经济损失。例如，1995 年因黄河断流仅胜利油田减产所造成的经济损失就高达 30 亿元。

因此，我国水资源面临的形势非常严峻，造成如此局面的原因，一方面是天然因素，与水资源时空分布的不均匀性有关；另一方面是人为因素，与人类不合理地开发、利用和管理水资源有关。如果在水资源开发利用上没有大的突破，在管理上没有新的转变，水资源将很难支持国民经济迅速发展的需要，水资源危机将成为所有资源问题中最为严重的问题，它将威胁我国经济社会可持续发展。

1.4 我国水资源的开发利用

20 世纪 80 年代初，我国供水设施的实际供水量为 443.7km^3，约占全国平均水资源总量的 16%。其中，引用河川径流量 381.8km^3，占总供水量的 86%，开采地下水 61.9km^3，占总供水量的 14%。据水利部 1997 年对全国用水情况调查，全国总用水量为 556.6km^3，其中农业用水为 392.0km^3，占总用水量的 70.4%；工业用水为 112.1km^3，占总用水量的 20.2%；生活用水为 52.5km^3，占总用水量的 9.4%。

我国年用水总量与水资源总量在世界上所占的位置类似，居世界前列，用水总量高居世界第 2 位。而人均用水量不足世界人均用水量的 1/3，表 1-5 为部分国家人均水资源比较表。与世界上先进国家相比，工业和城市生活用水所占的比例较低，农业用水占的比例较大。随着工业化、城市化的发展及用水结构的调整，工业和城市生活用水所占的比例将会进一步的提高。

部分国家人均水资源量 表1-5

国家	人均水资源量(m^3/人)	国家	人均水资源量(m^3/人)
加拿大	145900	前苏联	17800
新西兰	107000	美国	14280
巴西	56000	巴基斯坦	10950
澳大利亚	27600	墨西哥	7270
日本	5020	印度	3050
法国	3960	英国	2900
意大利	3920	德国	2850
西班牙	3160	埃及	2530
智利	18100	中国	2380

农业是我国的用水大户，占总用水量的比重较高。农业用水主要包括农田、林业、牧业的灌溉用水及水产养殖业、农村工副业和人畜生活等用水。农田灌溉是农业的主要用水和耗水对象，农用灌溉用水占农业总用水的比例始终保持在90%以上的水平。

在农业用水中，地下水的开发利用占据十分重要的地位。在北方农业用水中，地下水用水量占农业总用水量的24.2%，北方个别省市远高于这一比例。其中北京市农业总用水量中地下水占85.5%，河北省为66.6%，山西省和山东省分别为49.3%和40.9%。

由于农业节水技术与节水措施的推广应用，节水水平的提高，农业用水占总用水的比重其趋势上是在不断降低的过程中，从1949年的97.1%，1980年的80.7%，逐步降低到1997年的70%左右。尽管总用水量有所增加，而农业用水量近20年来基本稳定在400km^3左右。

近20年来，我国工业和生活用水量具有显著提高，所占总用水量的比例也有大幅度增加。统计结果表明，工业和生活用水量由1980年占全国总用水量的12%上升至1997年的29%。与发达国家相比，占总用水量的比例仍然偏低。加拿大、英国、法国的工业用水均占总用水比例的50%以上，分别为81.5%、76%和57.2%。我国人均生活日用水量仅为114L，城镇居民生活日用水量略有增加。城市规模的差异，以及城市化水平的不同，区域水资源条件的差别，造成城市居民人均日用水量的差距相当大。

地下水在我国城镇生活用水中占据不可替代的地位。地下水用量占城镇生活总用水量的59%，其中地下水所占比例在70%以上的有山西省、宁夏回族自治区、山东省、河北省、青海省、北京市，所占比例在50%～70%的有陕西省、河南省、内蒙古自治区。其余省、直辖市和自治区的比例一般在20%～50%。

1.5 我国水资源面临的问题

我国地域辽阔，国土面积达960×$10^4$$km^2$。由于处于季风气候区域，受热带、太平洋低纬度上温暖而潮湿气团的影响以及西南的印度洋和东北的鄂霍茨克海的水蒸气的影响，

我国是一个洪涝灾害频繁、水资源短缺、生态与环境脆弱的国家。新中国成立后，水利建设工作取得了很大的进展。初步控制了大江大河的常遇洪水，形成了超过 $5600\times 108m^3$ 的年供水能力，灌溉面积从 2.4 亿亩扩大到近 8 亿亩，累计治理水土流失面积 $78\times 104km^2$。但随着人口增长、经济的发展，水的压力越来越大，水的问题是制约区域经济和社会可持续发展的重要瓶颈。从全国范围来看，我国面临的水问题主要有以下三方面。

一是防洪标准低，洪涝灾害频繁，对经济发展和社会稳定的威胁大。20 世纪 90 年代以来，我国几大江河已发生了多次比较大的洪水，损失巨大。特别是 1998 年发生的长江、嫩江和松花江流域的特大洪水，充分暴露了我国江河堤防薄弱、湖泊调蓄能力较低等问题。防洪建设始终是我国水利工作的一项长期而紧迫的任务。

二是干旱缺水日趋严重。农业、工业以及城市都普遍存在缺水问题。20 世纪 70 年代全国农田年均受旱面积 1.7 亿亩，到 20 世纪 90 年代增加到 4 亿亩。农村还有 3000 多万人饮水困难，全国 600 多个城市中，有 400 多个供水不足。干旱缺水已成为我国经济社会尤其是农业稳定发展的主要制约因素。

三是水生态与环境恶化。近些年来，我国水体水质总体上呈恶化趋势。1980 年全国污水排放量为 310 多亿 t，1997 年为 584 多亿 t。受污染的河长也逐年增加，在全国水资源质量评价约 10×10^4km 的河长中，受污染的河长占 46.5%。全国 90%以上的城市水域受到不同程度地污染。目前，全国水蚀、风蚀等土壤侵蚀面积达 $367\times 104km^2$，占国土面积的 38%；北方河流干枯断流情况愈来愈严重，黄河在 20 世纪 90 年代年年断流，平均达 107 天。此外，河湖萎缩，森林、草原退化，土地沙化，部分地区地下水超量开采等问题，严重影响了水生态与环境。

随着人口增加和经济社会发展，我国水问题将更加突出。仅从水资源的供需来看，在充分考虑节约用水的前提下，2010 年全国总需水量将达 $(6400\sim 6700)\times 10^8m^3$；2030 年人口开始进入高峰期，将达到 16 亿人，需水量将达 $8000\times 10^8m^3$ 左右，需要在现有供水能力的基础上新增 $2400\times 10^8m^3$。因此，开发利用和保护水资源的任务十分艰巨。

总体来看，形成我国水问题严峻形势的根源主要有两个方面。首先是自然因素，与气候条件的变化和水资源的时空分布不均有关。在季风作用下，我国降水时空分布不平衡，在我国北方地区，年降水量最少只有 40mm，在降水量大的地区也仅 600mm；长江流域及以南地区，年降水量均在 1000mm 以上，最高超过 2000mm。气候变化对我国水资源年际变化产生很多影响，据气象部门的有关统计，近 40 年来全国的降水量平均以每 10 年 12.7mm 的速度递减。20 世纪 50 年代全国平均降水量为 872mm，80 年代为 838mm，减少了 34mm。

从长期气候变化来看，在近 500 年中，中国东部地区偏涝型气候多于偏旱型气候，而近百年来洪涝减少，干旱增多。在黄河中上游地区，数百年来一直以偏旱为主，自 18～19 世纪、20 世纪期间有一个总的旱化趋势。20 世纪中国大范围的气候经历了“湿冷→干暖→干冷→湿暖→湿冷”的变化过程，其循环周期约为 30～40 年。如果今后出现全球变暖，我国出现大旱的机会将会增大。

其次是人为因素，与社会经济活动和人类不合理地开发、利用和管理水资源有关。目前，我国正处于经济快速增长时期，工业化、城市化发展迅速，人口的增加和农业灌溉面积的扩大，使得水资源的需求量不可避免地迅速增加。由于长期以来，水资源的开发、利用、治理、配置、节约和保护不能统筹安排，不仅造成了水资源的巨大浪费，破坏了生态与环境，而且更加剧了水资源的供需矛盾。突出表现为以下几个方面。

1）流域缺乏统一管理，上、中、下游用水配置不合理，造成水资源的消退。例如，西北内陆区塔里木河已经缩短了约300km的流程；黄河严重断流，经专家们最后会诊重要的一个原因是人类活动的影响。

2）地表、地下水缺乏联合调度，过度开采地下水，造成地下水资源枯竭。

3）水价不合理，水资源浪费严重。以农业用水为例，目前农业用水占全国总用水量的70%以上，北方农业用水则高达86.7%。但农业灌溉用水浪费现象最为严重，在一些地区仍采用漫溉、串溉等十分落后的灌溉方式，渠系水利用系数较低，只有0.5～0.6左右。灌溉定额高，亩均毛用水量在600m^3以上。工业上用水重复利用率平均只有30%～40%，而日本、美国则在75%以上。

4）废水大量排放，使得水生态与环境恶化，水资源污染型短缺。如南方长江三角洲和珠江三角洲的一些缺水地区。

5）人类活动破坏了大量的森林植被，造成区域生态与环境退化，水土流失严重，洪水泛滥成灾。一方面使河道冲沙用水量增加；另一方面，水污染严重，极大地降低了可利用水资源的数量。

1.6 水冷却循环使用的意义

在空调中，冷却的方式很多。有用空气来冷却的，叫空冷；有用水来冷却的，叫水冷。但是，在大型中央空调系统中，多是用水作为传热冷却介质的。这是因为水的化学稳定性好，不易分解；它的热容量大，在常用温度范围内，不会产生明显的膨胀或压缩；它的沸点较高，在通常使用的条件下，在冷凝器中不会汽化；同时水的来源较广泛，流动性好，易于输送和分配，相对来说，价格也较低。另外，在冶金工业中用大量的水来冷却高炉、平炉、转炉、电炉等各种加热炉的炉体；在炼油、化肥、化工等生产中用大量的水来冷却半成品和产品；在发电厂、热电站则用大量的水来冷凝汽轮机回流水。一座1000MW的火电厂，约需冷却水量40～50m^3/s。这样大的水量不仅难以取得，且从环境保护的要求看，大量的温排水所造成的热污染也是不允许的。因而火电厂和核电站采用直流供水系统将会遇到愈来愈多的困难。当前，各国解决这种困难的主要方法，除在海边建厂采用海水作冷却水外，多采用带各种冷却塔的循环供水系统；在纺织厂、化纤厂，则用大量水来冷却空调系统及冷冻系统。近年来，高层建筑愈来愈多，其空调系统冷却水用量也越来越大。一台制冷量为5814kW的直燃型溴化锂冷温水机组，其冷却水量高达1640m^3/h。据测算，工业和服务行业冷却水用量占工业用水总量的70%左右。表1-6列出了部分行业单位产品用水量的概况。

为了保证空调系统及工业设备正常运转，延长制冷机等设备的使用寿命，对冷却水的水质有一定的要求。

部分行业单位产品用水量 表 1-6

产品	用水量(m^3/t)	产品	用水量(m^3/t)
钢铁	300	合成橡胶	125～2800
铝	160	合成纤维	600～2400
煤	1～5	面纱	200
石油	4	毛织品	150～350
煤油	12～50	醋酸	400～1000
化肥	50～250	乙醇	200～500
硫酸	2～20	烧碱	100～150
炸药	800	肉类加工	8～35
纸浆	200～500	啤酒	10～20

(1) 水温要尽可能低一些

在同样设备条件下，水温愈低，用水量也相应减少。例如，制药厂在生产链霉素时，需要用水冷却链霉素的浓缩设备和溶剂回收设备。如果水的温度愈低，那么用水量也就愈少。又如，化肥厂生产合成氨时，需要对压缩机和合成塔中出来的气体进行冷却，这时冷却水的温度愈低，则合成塔的氨产量愈高。

(2) 水的浑浊度要低

水中悬浮物带入冷却水系统，会因流速降低而沉积在换热设备和管道中影响热交换，严重时会使管子堵塞。此外，浑浊度过高还会加速金属设备的腐蚀。为此，在国外一些大型化肥、化纤、化工、炼油等生产系统中，对冷却水的浊度要求不得大于2mg/L。

(3) 水质不易结垢

冷却水在使用过程中，要求在换热设备的传热表面上不易结成水垢，以免影响换热效果，这对工厂安全生产是一个关键。生产实践证明，由于水质不好，易结水垢而影响工厂生产的例子是屡见不鲜的。

(4) 水质对金属设备不易产生腐蚀

冷却水在使用中，要求对金属设备最好不产生腐蚀，如果腐蚀不可避免，则要求腐蚀性愈小愈好，以免传热设备因腐蚀太快而迅速减少有效传热面积或过早报废。

(5) 水质不易滋生菌藻微生物

冷却水在使用过程中，要求菌藻微生物在水中不易滋生繁殖，这样可避免或减少因菌藻繁殖而形成大量的黏泥污垢，过多的黏泥污垢会导致管道堵塞和腐蚀。

淡水在全球是一种非常有限的宝贵资源，早在20世纪90年代初，许多专家就发出警告：地球水资源短缺带来的冲击可能要比20世纪70年代石油危机更严重。因为世界人口和经济增长的同时，人类对工业、农业和生活用水的需求也在迅速增长。专家们认为，未来的水危机与以往缺水形势完全不同，已不能像过去那样利用水利工程来增加供应。因为，目前许多国家缺水已到极限，但是可以通过节约和提高现有水的利用率来达到此目的。节约用水，主要是提高水的重复利用率和推广节水技术。2002年我国工业用水重复利用率约为50%，远低于发达国家80%的水平，如能提高到60%，加上工业节水技术的推广应用，每年就能增加节水能力160亿m^3。2015年以前，仅靠节水，我国就可能达到水资源的供需平衡。

我国水资源非常紧张，城市缺水现象比较严重。据统计，我国人均水资源约2304m^3/人，1984年在世界排名为第88位，1996年降为第109位。我国666座城市中，有333座城市缺水，有108座城市严重缺水。因此，我国人均水资源占有量呈下降趋势，农业缺水量大，城市供水不足，地下水位严重下降。进入21世纪，随着我国经济建设的飞速发展和人口增加，水资源供需矛盾进一步加剧。据预测，2010年全国供水缺口近1000亿m^3。国际上有"19世纪争煤，20世纪争石油，21世纪可能争水"和21世纪国际投资与经济发展，"一看人，二看水"的说法。联合国将2003年定为"国际淡水年"。我国是一个水问题最多的发展中国家之一，水资源与环境成为制约我国社会经济可持续发展的关键因子，也是科学界、水利和环境保护各部门共同关注的热点问题。目前"水荒"覆盖面几乎遍及全国。从20世纪80年代初开始，首先发生在华北地区，如天津、北京、太原等城市，后来发生在大连、秦皇岛、烟台、宁波、厦门等沿海城市，最后延伸到内地，如西安、重庆等城市，像深圳市、海口市、三亚市目前也都严重缺水。即便是地处长江边的南京以及长江下游两岸城乡，近年如遇到平水年，据测算也会缺水140亿m^3。我国城市因缺水，每年经济损失达1200多亿元人民币。因此，节约用水刻不容缓。正如一位科学家所形容的"人类如果再这样浪费宝贵的水资源，那过不了多少年，人们见到的最后一滴水，将是人类的眼泪"。人们在用水中，除农业是用水大户外，其次就是工业用水，而工业用冷却水又占工业用水总量的70%左右。因此，节约用水，农业要改革灌溉方法，工业上就要千方百计地节约冷却水用量，提高水的重复利用率，以实现水资源的有效保护、持续发展和良性循环。

第2章 湿空气的性质

所谓的湿空气是一种含有水蒸气的空气，完全不含有水蒸气的空气称为干空气。干空气的组成成分通常是固定的，可以将干空气当成一种“单一气体”来处理。

在一般情况下，往往可以将空气中的水蒸气的影响忽略，如本书以前各章中所提到的空气均未考虑水蒸气，将空气当作不含水蒸气的混合气体。但是在通风、空调工程中，为使空气达到一定的温度及湿度，以符合生产工艺和生活上的要求，就不能忽略空气中的水蒸气。

湿空气是干空气和水蒸气的混合物。在通风、空调、干燥以及冷却塔等工程中通常都是采用环境大气，其水蒸气的分压力很低(0.003～0.004MPa)，此时的水蒸气一般处于过热状态，因此大气中的水蒸气可作为理想气体计算。湿空气是理想气体的混合物，有关理想气体遵循的规律及理想气体混合物的计算公式都适用于湿空气。

湿空气中水蒸气虽然含量较少，但它与干空气有明显不同，湿空气中水蒸气的含量及相态都可能发生变化，大气中所发生的雨、雪、霜、露、雾、雹等自然现象都是由于湿空气中的水蒸气的相态变化所致，因此有必要对湿空气的一些热力学性质进行研究。本章将对湿空气中水蒸气的含量、性质及有关热工计算进行讨论。

2.1 湿空气的性质

2.1.1 湿空气的温度及压力

湿空气中的干空气和水蒸气总是均匀混合，故湿空气温度与干空气和水蒸气温度均相等，即：

$$t=t_{dry}=t_{rap} \tag{2-1}$$

式中 t_{dry}、t_{rap}——分别为干空气与水蒸气的温度。

湿空气的压力符合道尔顿定律，有：

$$p=p_{dry}+p_{vap}$$

若湿空气是大气，则其总压力即为大气压力 B，则有：

$$B=p_{dry}+p_{vap} \tag{2-2}$$

式中 p_{dry}、p_{vap}——分别为干空气与水蒸气的压力。

2.1.2 饱和空气与未饱和空气

湿空气中水蒸气的状态由其分压力 p_{vap} 和湿空气的温度 t 确定，在水蒸气的 p-v 图上，如图 2-1 所示，湿空气中水蒸气的状态点为点 a。此时水蒸气的分压力 p_{vap} 低于温度 t 所对应的水蒸气的饱和分压力 p_s，水蒸气处在过热蒸汽状态。这种由于空气与过热水蒸气(状态点 a)所组成的湿空气称为未饱和空气。

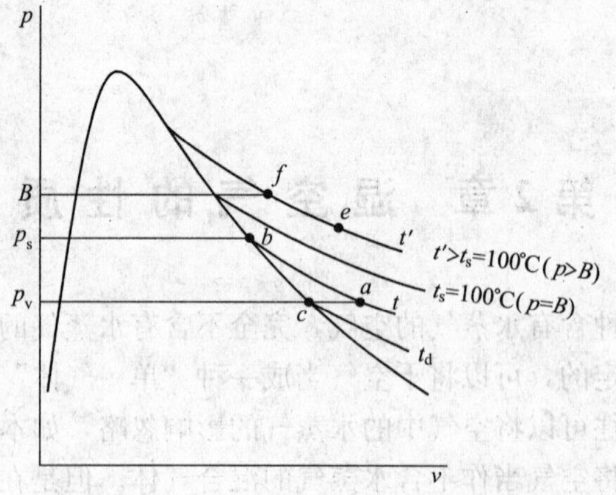

图 2-1 湿空气中水蒸气的 p-v 图

若在温度 t 不变的情况下，向湿空气继续增加水蒸气量，则水蒸气分压力将不断增加，水蒸气状态将沿定温线 a-b 变化，直至点 b 而达到饱和状态。在温度 t 下，此时水蒸气的分压力达到最大值，即饱和分压力 p_s，水蒸气为饱和水蒸气(状态点 b)组成的湿空气称为饱和空气。如在温度 t 不变的情况下，继续向饱和空气加入水蒸气，则将有水滴出现，而湿空气将保持饱和状态。

对未饱和湿空气，若在水蒸气分压力 p_{vap} 不变的情况下加以冷却，使未饱和空气的温度 t 下降，这样，湿空气中水蒸气的含量虽然不会变化，但是水蒸气的状态将按 p_{vap} 定压线 a-c 变化，直至点 c 而达到饱和状态。点 c 的温度称为露点温度，简称露点，用 t_d 表示。露点温度 t_d 是对应于水蒸气分压力 p_{vap} 的饱和温度。如再进行冷却，将有水蒸气变为凝结水而析出。湿空气露点温度 t_d 在工程上是一个非常有用的参数，如在下及空调季节，空调冷冻水管道外表面温度必须高于室内空气的露点温度，否则，冷冻水管道外表面就会出现结露现象。

在干燥过程中，空气的温度往往超过大气压力 B 所对应的水蒸气饱和温度。例如 $B=101325$Pa 时，水蒸气所能达到的饱和温度最高为 100℃。当湿空气温度 $t'>100$℃时，如图中的 e 点，水蒸气的分压力不可能达到对应于 t' 的饱和压力，因为这时的饱和压力已经超过大气压力 B。所以水蒸气的分压力最多只能达到点 f，此时的水蒸气分压力已经等于大气压力 B，而干空气分压力 p_{dry} 则会等于零。实际上，湿空气作为干空气和水蒸气混合气体，水蒸气分压力一般是不会等于 B 的。

2.1.3 绝对湿度和相对湿度

每 m^3 湿空气中所含有水蒸气的质量，称为绝对湿度。由于湿空气中的水蒸气也充满湿空气的整个容积，故绝对湿度在数值上也就是湿空气中水蒸气的密度 ρ_{vap}。绝对湿度表示在单位容积的湿空气中水蒸气的绝对含量。按理想气体状态方程，则有：

$$\rho_{vap}=\frac{m_{vap}}{V}=\frac{p_{vap}}{R_{vap}T}\quad \text{kg/m}^3 \tag{2-3}$$

在一定温度下，饱和空气的绝对湿度达到最大值，称为饱和绝对湿度 ρ_s，其计算式为：

$$\rho_s=\frac{p_s}{R_{vap}T}\quad \text{kg/m}^3 \tag{2-4}$$

绝对湿度只能说明湿空气中实际所含的水蒸气质量的多少，而不能说明湿空气干燥或潮湿的程度及吸湿能力的大小。

湿空气的绝对湿度与同温度下饱和湿空气的绝对湿度之比，称为相对湿度，用符号 φ 表示，则：

$$\varphi=\frac{\rho_{vap}}{\rho_s}\times100\% \tag{2-5}$$

相对湿度 φ 反映了湿空气中水蒸气含量接近饱和的程度，故又称饱和度，其值在 0～1 之间。在某温度 t 下，φ 值越小，表示空气越干燥，具有较大的吸湿能力；φ 值越大，表示空气潮湿，吸湿能力小。当 $\varphi=0$ 时，空气为干空气，$\varphi=1$ 时，空气为饱和空气。应用理想气体方程，相对湿度还可以表示为：

$$\varphi=\frac{p_{vap}}{p_s} \tag{2-6}$$

上式表明，湿空气中水蒸气分压力的大小也是表示湿空气中水蒸气含量的参数。在一定温度下，水蒸气分压力 p_{vap} 愈大，则水蒸气含量愈多，也愈接近饱和湿空气；反之，湿空气愈干燥。

2.1.4 含湿量(比湿度)

以湿空气为工作介质的某些过程，例如干燥、吸湿等过程中，干空气作为载热体或载湿体，它的质量或质量流量是恒定的，发生变化的只是湿空气中水蒸气的质量。所以一些湿空气的状态参数，如湿空气的焓、气体常数、比容、比热等，都是以单位质量的干空气为基准的，这样可以方便计算。同样对于湿空气中水蒸气的含量也是以单位质量干空气中所带有的水蒸气的质量为含湿量(又称比湿度)，以 d 表示，则：

$$d=\frac{m_{vap}}{m_{dry}}\times10^3 \tag{2-7}$$

利用理想气体状态方程式 $p_{dry}V=m_{dry}R_{dry}T$ 及 $p_{vap}V=m_{vap}R_{vap}T$

式中 V——湿空气的容积，也是干空气及水蒸气在各自分压力下所占有的容积，m^3。

干空气及水蒸气的气体常数分别为 $R_{dry}=\frac{8314}{28.97}=287J/(kg\cdot K)$；$R_{vap}=\frac{8314}{18.02}=461J/(kg\cdot K)$

故含湿量可表示为：

$$d=622\frac{p_{vap}}{p_{dry}}=622\frac{p_{vap}}{B-p_{vap}} \tag{2-8}$$

上式也可以表示为：

$$d=622\frac{\varphi p_s}{B-\varphi p_s} \tag{2-9}$$

在工程上，人们还常用湿空气的含湿量 d 与同温下饱和空气的含湿量 d_s 的比值(湿空气的饱和度)，来表示湿空气的饱和程度，用符号 D 表示：

$$D=\frac{d}{d_s}=\frac{622\frac{p_{vap}}{B-p_{vap}}}{622\frac{p_s}{B-p_s}}=\varphi\frac{B-p_s}{B-p_{vap}} \tag{2-10}$$

由上式可以看出，湿空气的饱和度 D 略小于相对湿度 φ，由于 $B \gg p_s$、$B \gg p_{vap}$，故 $D \approx \varphi$。

2.1.5 湿空气的容积

如前所述，湿空气的容积是以1kg干空气为基准定义的，它表示在一定温度 T 和总压力 B 下，1kg干空气和 $0.001d$kg水蒸气所占有的容积，即1kg干空气的湿空气容积，即：

$$v = \frac{V}{m_{dry}} = v_{dry} \tag{2-11}$$

根据理想气体状态方程及道尔顿定律，得：

$$v = \frac{V}{m_{dry}} = \frac{R_{dry} T}{B}\left(1 + \frac{R_{vap}}{R_{dry}} \times 0.001d\right) \tag{2-12}$$

$$v = \frac{V}{m_{dry}} = \frac{R_{dry} T}{B}(1 + 0.001606d) \tag{2-13}$$

在一定的大气压力 B 之下，湿空气的容积与温度和含湿量有关，饱和湿空气的容积为：

$$v_s = \frac{V}{m_{dry}} = \frac{R_{dry} T}{B}(1 + 0.001606d_s) \tag{2-14}$$

对于湿空气的密度与湿空气容积之间，由于湿空气的容积是以1kg干空气为基准定义的，故有：

$$\rho = \frac{1 + 0.001d}{v} \tag{2-15}$$

2.1.6 湿空气的焓

湿空气的比焓也是指含有1kg干空气的湿空气的焓值，其等于1kg干空气的焓和 $10^{-3}d$kg水蒸气的焓值之和，用 h 表示，即：

$$h = \frac{H}{m_{dry}} = \frac{m_{dry}h_{dry} + m_{Vap}h_{vap}}{m_{dry}} = h_{dry} + 10^{-3}dh_{vap} \tag{2-16}$$

在工程中，湿空气的焓值以0℃时的干空气和0℃时的饱和水为基准点，单位是kJ/kg干空气。

若湿空气的温度变化的范围不大(通常小于100℃)，干空气的比热可取为定值，$c_p = 1.01$，则干空气的焓值为：

$$h_{dry} = c_p t = 1.01t \tag{a}$$

对水蒸气，焓值可按下式计算：

$$h_{vap} = 2501 + 1.85t \tag{b}$$

将(a)、(b)两式代入式(2-16)，可得1kg干空气的湿蒸汽的焓值为：

$$h = 1.01t + 0.001d(2501 + 1.85t) \tag{2-17}$$

2.1.7 湿球温度

图2-2表示了一个使未饱和空气在绝热的情况下稳定流动加湿而达到饱和的物理模型。进入该装置的湿空气是未饱和空气，其温度是 t_0。如水槽足够长且绝热，总水量远大于水的蒸发量。空气流与水进行充分的热、质交换后，达到热湿平衡状态。此时，水槽中水的温度必将达到一个不变的数值 t'，而出口空气经过绝热加湿后，也达到饱和

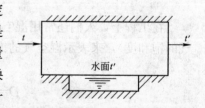

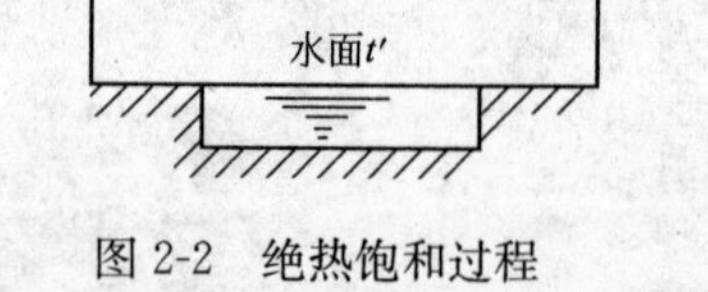

图2-2 绝热饱和过程

空气状态，其温度也应该是 t'。这一稳定的温度值 t' 称为绝热饱和温度，也称热力学湿球温度，用符号 t'_w 表示。热力学湿球温度是湿空气的状态参数，它只取决于进口湿空气的状态。

在工程上，要测得绝热饱和温度 t'_w 是很困难的，因此，常用干、湿球温度计中湿球温度计的读数 t_w 来代替 t'_w，虽然 t_w 不是一个状态参数，其受风速及测量条件的影响，但是只要测量方法正确，在风速大于 4m/s 的情况下，两者相差不大，在一般的工程应用中是满足精度要求的。

一组干湿球温度计。干球温度计的读数就是湿空气的温度 t，另一支温度计的温包用湿纱布包起来，置于通风良好的湿空气中，当达到热湿平衡时，其读数就是湿球温度的读数 t_w，如图 2-3 所示。

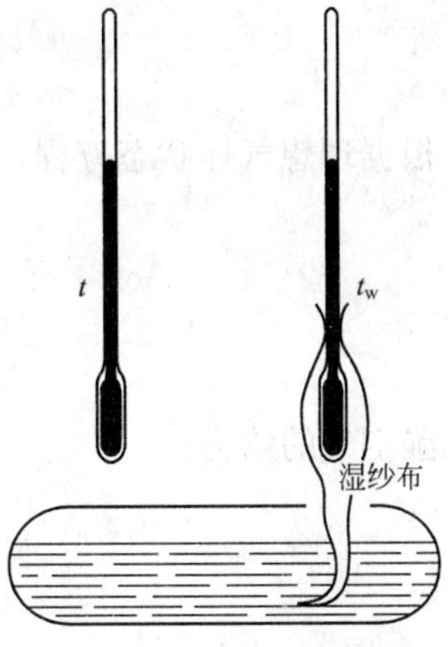

图 2-3　干、湿球温度计

在干、湿球温度计中，若湿纱布中的水分不蒸发，两只温度计的读数应该是相同的。但是由于温度计周围的空气为湿空气，湿纱布上的水分将向空气蒸发，致使水温下降，即湿球温度计上的读数将下降。这样水和周围空气间产生了温度差，从而导致周围的空气向水传热，阻止水温下降。当两者达到平衡时，即水蒸发所需要的热量正好等于水从周围空气中所获得的热量时，湿球温度计上的读数不再下降保持一个定值，即 t_w。

由于干、湿球温度计受风速及测量环境的影响，在相同的空气状态下，可能会出现不同的湿球温度的数据。因此，在测定湿球温度时，应防止干、湿球温度计与周围环境之间的辐射换热，并保证 4m/s 以上的风速，以减少测量误差。

对于湿球加湿过程，其热平衡关系为：

$$h_1 + c_p t_w (d_2 - d_1) \times 10^{-3} = h_2 \tag{2-18}$$

式中　h_1、d_1——湿空气的焓及含湿量；

h_2、d_2、t_w——湿球纱布表面饱和空气层的焓、含湿量及湿球温度。

由于湿纱布上水分蒸发的数量只有几克，而湿球温度计的读数 t_w 又比较低，所以式(6-18)中 $c_p t_w (d_2 - d_1) \times 10^{-3}$ 项非常小，在一般的通风空调工程中，可以忽略不计。因此，式(2-18)可简化为

$$h_1 = h_2 \tag{2-19}$$

上式表明，通过湿球的湿空气在加湿过程中，湿空气的焓不变，是一个等焓过程。这是由于湿纱布水分的蒸发，在达到热平衡时，水汽化所需的潜热完全来自空气，最后这部分潜热又由水蒸气带回到空气中，所以对湿空气来讲，可以近似地认为焓不变，这是在不考虑蒸发掉的水本身焓值的情况下的近似结果。

最后需要指出的是，湿空气作为干空气和水蒸气组成的混合气体，必须有 3 个独立参数才能确定其状态。如果湿空气就是大气，且大气压力 B 一定，那么还需要两个独立参数才可以确定其状态。

【例 2-1】 已知湿空气总压力 $B=0.1$MPa，温度 $t=27$℃，其中水蒸气分压力 $p_{vap}=0.00283$MPa，求该空气的含湿量 d、相对湿度 φ、绝对湿度 ρ_{vap} 及焓 h。

【解】 根据公式(2-8)可求得含湿量，有：

$$d=622\frac{p_{vap}}{B-p_{vap}}=622\times\frac{0.00283}{0.1-0.00283}$$

$$=18.1\text{g/kg 干空气}$$

查附录，当 $t=27℃$时，$p_s=3564\text{Pa}$

湿空气的相对湿度为：

$$\varphi=\frac{p_{vap}}{p_s}=\frac{0.00283}{3564\times10^{-6}}\times100\%=79.4\%$$

根据理想气体状态方程，可求出绝对湿度，有：

$$\rho_{vap}=\frac{1}{v_{vap}}=\frac{p_{vap}}{R_{vap}T}=\frac{0.00283\times10^6}{461\times(273+27)}$$

$$=0.205\text{kg/m}^3$$

湿空气的焓为：

$$h=1.01t+0.001d(2501+1.85t)$$

$$=1.01\times27+0.001\times18.1\times(2501+1.85\times27)$$

$$=73.44\text{kJ/kg 干空气}$$

【例 2-2】 有温度 $t=30℃$、相对湿度 $\varphi=60\%$的湿空气 10000m^3，当时的大气压力 $B=0.1\text{MPa}$。求露点温度 t_d、绝对湿度 ρ_{vap}、含湿量 d、干空气的密度 ρ_{dry}，湿空气的容积，干空气的比容，湿空气的密度 ρ，湿空气的总焓及湿空气的质量 m。

【解】 (1) 露点温度

根据水蒸气表，当 $t=30℃$，由附录 3 查得水蒸气的饱和压力 $p_s=4242\text{Pa}$，由式(2-6)得水蒸气分压力为：

$$p_{vap}=\varphi p_s=0.6\times4242=2545\text{Pa}$$

查水蒸气表，当 $p_{vap}=2545\text{Pa}$ 时，饱和温度，亦即露点温度为：

$$t_d=21.5℃$$

(2) 绝对湿度

由理想气体的状态方程得水蒸气的绝对湿度为：

$$\rho_{vap}=\frac{p_{vap}}{R_{vap}T}=\frac{2545}{461\times303}=0.0182\text{kg/m}^3$$

或从水蒸气表中查得，当 $t=30℃$时可得：

$$\rho_s=\frac{1}{v''}=\frac{1}{32.929}=0.03037\text{kg/m}^3$$

代入式(2-6)可得：

$$\rho_{vap}=\varphi\rho_s=0.6\times0.03037=0.0182\text{kg/m}^3$$

(3) 含湿量

应用式(2-8)可得：

$$d=622\frac{p_{vap}}{B-p_{vap}}=622\times\frac{0.02545}{0.1-0.02545}$$

$$=16.24\text{g/kg 干空气}$$

(4) 干空气的密度

$$\rho_{dry}=\frac{p_{dry}}{R_{dry}T}=\frac{B-p_{vap}}{R_{dry}T}=\frac{0.1-0.02545}{287\times303}\times10^6$$

$$=1.1206kg/m^3$$

(5) 湿空气的容积及干空气的比容

由式(2-13)可得湿空气的容积，它也是干空气的比容：

$$v=v_{dry}=\frac{R_{dry}T}{B}(1+0.001606d)$$

$$=\frac{287\times303}{10^5}(1+0.001606\times16.24)$$

$$=0.89m^3/kg$$

其倒数$\frac{1}{v_{dry}}$即干空气的密度 $\rho_{dry}=\frac{1}{v_{dry}}=1.1206kg/m^3$

(6) 湿空气的密度

由式(2-15)可得：

$$\rho=\frac{1+0.001d}{v}=\frac{1+0.001\times16.24}{0.89}$$

$$=1.142kg/m^3$$

(7) 湿空气的焓

由式(2-17)可得湿空气的焓为：

$$h=1.01t+0.001d(2501+1.85t)$$

$$=1.01\times30+0.001\times16.24\times(2501+1.85\times30)$$

$$=71.8kJ/kg\ 干空气$$

当 $V=10000m^3$，干空气的质量为：

$$m_{dry}=\frac{p_{dry}V}{R_{dry}T}=\frac{(10^5-2545)\times10000}{287\times303}=11206kg$$

或

$$m_{dry}=V\rho_{dry}=10000\times1.1206=11206kg$$

因此，可得 $V=10000m^3$时，湿空气的总焓为：

$$H=m_{dry}h=11206\times71.8=804590kJ$$

(8) 湿空气的质量

对于湿空气的气体常数为：

$$R=\frac{287}{1-0.378\frac{p_{dry}}{B}}=\frac{287}{1-0.378\frac{2545}{10^5}}=289.8J/(kg\cdot K)$$

应用理想气体的状态方程，可得湿空气的质量为：

$$m=\frac{BV}{RT}=\frac{10^5\times10000}{289.8\times303}=11388kg$$

【例 2-3】 某房间的容积为 50m³，室内空气温度为 30℃，相对湿度为 60%，大气压力 B=101300Pa。求(1)湿空气得露点温度 t_d、含湿量 d、干空气的质量 m_{dry}、水蒸气的质量 m_{vap} 及湿空气的焓值 H；(2)若房间湿空气的温度冷却到 10℃，则凝水量为多少？

【解】 (1) 由饱和水蒸气表可查得，t=30℃时 p_s=4241Pa，所以：

$$p_{vap}=\varphi p_s=0.6\times4241=2544.6\text{Pa}$$

对应于此分压力 p_{vap} 时得饱和温度即为湿空气的露点温度，从饱和水蒸气表中可查得：

$$t_d=21.38℃$$

根据公式(2-8)可得：

$$d=622\frac{p_{vap}}{B-p_{vap}}=622\times\frac{2544.6}{101300-2544.6}$$

$$=16\text{g/kg 干空气}$$

干空气的分压力：

$$p_{dry}=B-p_{vap}=101300-2544.6=98755.4\text{Pa}$$

根据理想气体的状态方程，有：

$$m_{dry}=\frac{p_{dry}V}{R_{dry}T}=\frac{98755.4\times50}{287\times(273+30)}=56.78\text{kg}$$

水蒸气的质量：

$$m_{vap}=dm_{dry}=0.016\times56.78=0.91\text{kg}$$

根据公式(2-17)，则湿空气的比焓为：

$$\begin{aligned}h&=1.01t+0.001d(2501+1.85t)\\&=1.01\times30+0.001\times16\times(2501+1.85\times30)\\&=71.2\text{kJ/kg 干空气}\end{aligned}$$

湿空气的总焓：

$$H=m_{dry}h=56.78\times71.2=4042.74\text{kJ}$$

(2) 当房间的终态温度 t_2=10℃，很显然已经低于露点温度，故当冷却到 t_d=21.38℃后，再继续冷却就会有凝结水析出。凝水量等于初、终态湿空气中含有水蒸气量的差值，且终态为饱和湿空气。

由 t_2=10℃，在饱和水蒸气表中查得 p_s=1227.1Pa，所以

$$p_{vap,2}=p_{s,2}=1227.1\text{Pa}$$

根据公式(2-8)，可得终态含湿量：

$$d_2=622\frac{p_{vap}}{B-p_{vap}}=622\times\frac{1227.1}{101300-1227.1}$$

$$=7.63\text{g/kg 干空气}$$

所以，凝水量为：

$$\begin{aligned}\Delta m&=m_{dry}(d_1-d_2)=56.78\times(16-7.63)\\&=475\text{g}=0.475\text{kg}\end{aligned}$$

2.2 湿空气的焓湿图

在一定的总压力下，湿空气的状态可用 B、t、φ、d、h、t_d、t_w、ρ 等不同参数表示。在上一节中，分别介绍了湿空气各状态参数的定义及其计算式，由于湿空气是由干空气和水蒸气组成的混合气体，所以，要决定其状态，必须知道 3 个独立的状态参数，才能决定其他的参数，从而对湿空气的热力过程进行分析计算，这也为利用计算机进行计算提供了依据。

目前，在工程计算中仍然大量采用线算图，线算图虽然从精度上来讲略微差了些，但是比解析法简单、快捷、直观、方便。人们绘制了各种有关湿空气的线图，但最常用的线图是含湿图(h-d 图)。本节对焓湿图的绘制及构成作以介绍。

2.2.1 定焓线与定含湿量线(h=常数、d=常数)

如图 2-4 所示，焓湿图是以 1kg 干空气为基准，并在一定的大气压力 B 下，取焓 h 与含湿量 d 为坐标绘制而成的。为使图面开阔清晰，纵坐标焓 h 与横坐标含湿量 d 轴成 135°的夹角。在纵坐标轴上标出零点，即 $h=0$、$d=0$。所以焓湿图的纵坐标轴，也即 $d=0$ 的等含湿量线，该坐标轴上的读数也就是干空气的焓值。在确定坐标轴的比例后，就可以绘制一系列与纵坐标轴平行的等 d 线，与纵坐标轴呈 135°的一系列等焓线。在实际绘制过程中，为避免图面过长，可取一水平线来代替 d 轴。

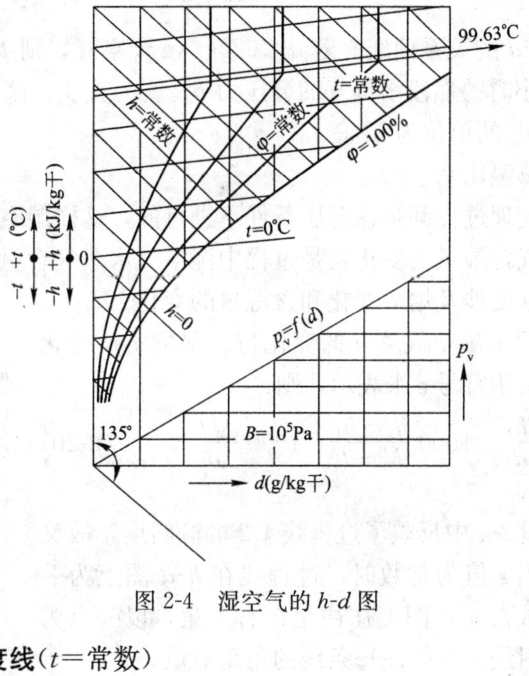

图 2-4 湿空气的 h-d 图

2.2.2 定干球温度线(t=常数)

根据公式(2-17)可以得出，当 t 为定值时，h 与 d 呈线性关系，其斜率 $0.001d(2501+1.85t)$为正值，并随 t 的升高而增大。由于各等温线的温度不同，每条等温线的斜率不等，所以各等温线不是平行的。但斜率中的 2501 远远大于 $1.85t$ 的值，所以各等温线又几乎是平行的，如图 2-4 所示。

2.2.3 定相对湿度线(φ=常数)

根据公式(2-9)，在一定的大气压 B 下，当 φ 值一定时，含湿量 d 与水蒸气饱和分压力 p_s之间有一系列的对应值。而 p_s又是温度 t 的单值函数。因此，当 φ 为某一定值时，把不同温度 t 的饱和分压力 p_s值代入公式(2-9)，就可得到相应温度下的一系列 d 值。在h-d 图上可得到相应的状态点，连接这些状态点，就可得出某一条定相对湿度线。显然，$\varphi=0$ 的定相对湿度线就是干空气线，也就是纵坐标轴；$\varphi=100\%$的相对湿度线是饱和空气线。在纵坐标轴与 $\varphi=100\%$两线之间为未饱和空气域，根据公式(2-9)作出一系列不同 φ 值的定相对湿度线，如图 2-4 所示。

需要指出，若大气压 $B=0.1$MPa，则对应于大气压 B 的水蒸气饱和温度 $t=99.63$℃。当湿空气温度 $t<99.63$℃时，根据相对湿度的定义式，此时的定相对湿度 φ 线是上升的曲线，如图 2-4 所示。当 $t>99.63$℃时，水蒸气分压力能达到的极限值是 B，这时的相对湿度应为 $\varphi=\dfrac{p_{vap}}{B}$。在 B 为定值的情况下，若 φ 为常数，p_{vap}不变。这说明相对湿度 φ 与 t 无关，仅与 p_{vap}或 d 有关。因此，在 h-d 图上，定相对湿度 φ 线超过与 B 相应的饱和温度线之后，变成一条与等 B 线平行垂直向上的直线，如图 2-4 所示。

2.2.4 水蒸气分压力线

对公式(2-8)进行重新整理，可得

$$p_{vap}=\frac{Bd}{622+d}$$

根据上式可绘制 $p_{vap}-d$ 的关系曲线。若 $d\ll 622$g/kg 干空气，则 p_{vap}与 d 就近似成直线关系，故对于图中 d 很小时的那段水蒸气的分压力 p_{vap}就为直线。该曲线绘制在 $\varphi=100\%$等湿线的下方空档中，p_{vap}的单位为 kPa。

2.2.5 角系数(热湿比)

若湿空气在热湿处理过程都是在定压条件下进行的，这样湿空气焓的变化就是过程中交换的热量；而湿空气含湿量的变化就是过程中湿空气水蒸气含量的改变。因此，在湿空气的热力过程中，常常要涉及焓的变化和含湿量的变化 Δd。

在工程中，将过程中湿空气焓 h 的变化与含湿量 d 的变化的比值，称为热湿比，用符号 ε 来表示，则：

$$\varepsilon=\frac{h_2-h_1}{\dfrac{d_2-d_1}{1000}}=1000\,\frac{h_2-h_1}{d_2-d_1}=1000\,\frac{\Delta h}{\Delta d} \tag{2-20}$$

热湿比 ε 在 h-d 图 2-4 中反映了过程线 1-2 的倾斜度，故又称为角系数。显然，当 ε 值为常数时，过程线在 h-d 图上为一组平行的直线。角系数在 h-d 图上往往是在右下角，以一点为基准绘制角系数的辐射线，并标注每条线的角系数值。

从式(2-20)可知，当 $\Delta h=0$(即定焓过程)时，$\varepsilon=0$；当 $\Delta d=0$(即定含湿量)时，$\varepsilon=\infty$。这样，定焓线与定含湿量线将 h-d 图分为四个区，如图 2-5 所示。此时，四个区域具有如下特点：

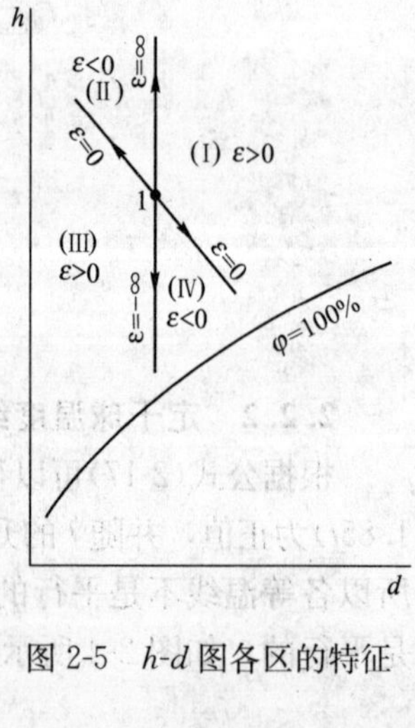

图 2-5 h-d 图各区的特征

第Ⅰ区域：从状态点 1 出发，向右上方即为第Ⅰ区域。在这一区域中，$\Delta h>0$，$\Delta d>0$，也就是增焓增湿过程，此时的角系数 $\varepsilon>0$。

第Ⅱ区域：从状态点 1 出发，向左上方即为第Ⅱ区域。在这一区域中，$\Delta h>0$，$\Delta d<0$，也就是增焓减湿过程，此时的角系数 $\varepsilon<0$。

第Ⅲ区域：从状态点 1 出发，向左下方即为第Ⅲ区域。在这一区域中，$\Delta h<0$，$\Delta d<0$，也就是减焓减湿过程，此时的角系数 $\varepsilon>0$。

第Ⅳ区域：从状态点 1 出发，向右下方即为第Ⅳ区域。在这一区域中，$\Delta h<0$，$\Delta d>0$，也就是减焓增湿过程，此时的角系数 $\varepsilon<0$。

根据湿空气的两个独立状态参数（在 B 确定的情况下），可在 h-d 图上确定其他参数。但是并不是所有的参数都是独立的，例如露点温度 t_d 和含湿量 d、水蒸气分压力 p_{Vap} 和含湿量 d、露点温度 t_d 和水蒸气分压力 p_{vap} 以及湿球温度 t_w 和焓值 h 都不是彼此独立的。可以用来确定状态的两个独立参数通常有：干球温度 t 和相对湿度 φ、干球温度 t 和含湿量 d、干球温度 t 和湿球温度 t_w、露点温度 t_d 和焓值 h 等。

【例 2-4】 试在 h-d 图上表示状态点 1（t_1、h_1）的露点温度 t_d 及湿球温度 t_w。

【解】 (1) 露点温度是指在水蒸气分压力不变的情况下冷却到饱和状态时的温度，也就是在含湿量不变的情况下冷却到饱和状态时的温度。在 h-d 图上如图 2-6 所示：从初状态点 1 向下作垂直线与 $\varphi=100\%$ 的饱和曲线相交得状态点 2，通过状态点 2 作等温线，得出的温度读数就是状态点 1 的湿空气的露点温度 t_d。

(2) 湿球温度 t_w 为一定值时，定湿球温度线在 h-d 图上是一条直线，如图 2-7 所示。

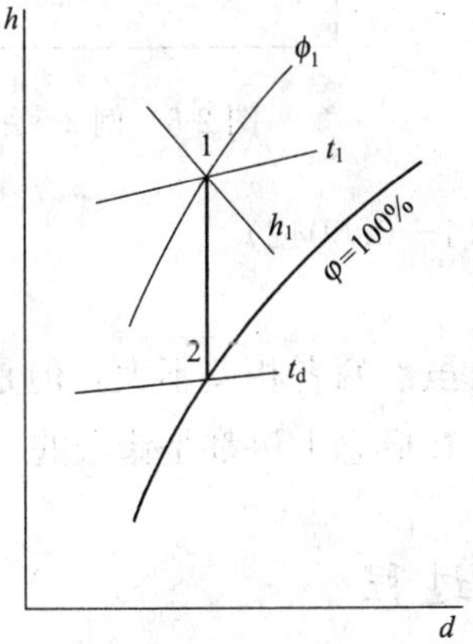

图 2-6 露点温度 t_d 的表示

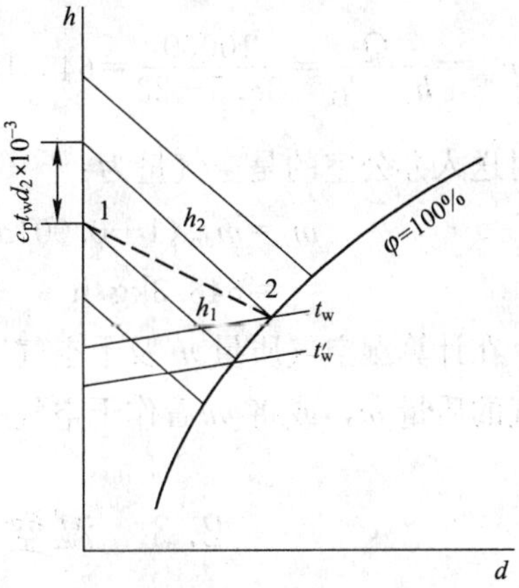

图 2-7 湿球温度 t_w 的表示

令 $d_1=0$，则式(2-18)可表示为：

$$h_2-h_1=c_p t_w d_2\times10^{-3}$$

可见，h_2-h_1 就是 $d_1=0$ 时两条定焓线在纵轴上的差值。据此从已知焓值 h_1，在纵轴上得到点 1，然后在纵轴上从点 1 出发，量出 $c_p t_w d_2\times10^{-3}$ 的距离而得到 h_2，通过 h_2 定焓线与 $\varphi=100\%$ 的饱和线相交得到点 2。连接 1-2 就是等湿球温度线，其 t_w 的大小就是通过点 2 的等温线的温度值。

【例 2-5】 某办公室要求房间空气的状态保持为 $t_2=20℃$，$\varphi_2=50\%$。办公室内有工作人员 10 人，每人每小时散热量为 530kJ/h，散湿量为 80kg/h。经计算，围护结构与设备进入房间的热量为 4700kJ/h，散湿量为 1.2kg/h。实际送入办公室的空气温度 $t_1=12℃$。试确定送风点的状态参数，求每小时送入室内的湿空气质量。当时当地的大气压力为$B=1.013\text{MPa}$。

【解】 每小时向办公室散入的总热量为：

$$Q=10\times530+4700=10000\text{kJ/h}$$

每小时散入办公室的水蒸气量为：

$$W=80\times10+1.2\times1000=2000\text{g/h}$$

所以热湿比为：

$$\varepsilon=1000\frac{Q}{W}=1000\times\frac{10000}{2000}=5000$$

在湿空气的 h-d 图上，由 $t_2=20℃$，$\varphi_2=50\%$得出点 2，通过点 2 作一条 $\varepsilon=5000$ 的热湿比线与 $t_1=12℃$的定温线相交得到点 1，从 h-d 图上查取点 1 的状态参数(如图 2-8 所示)为：

$h_1=23$kJ/kg 干空气； $d_1=4.2$g/kg 干空气

$t_{\rm d1}=48\%$； $\varphi_1=48\%$； $t_{\rm w1}=7℃$

点 2 的焓值 $h_2=38.5$kJ/kg 干空气

每小时送入办公室的干空气量为：

$$m_{\rm dry}=\frac{Q}{h_2-h_1}=\frac{10000}{38.5-23}=645.16\text{kg/h}$$

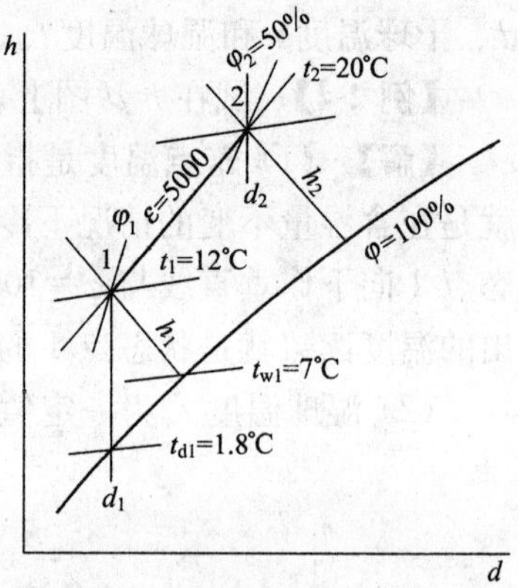

图 2-8 例 2-5 示意图

每小时送入办公室的是空气量为：

$$m=m_{\rm dry}(1+0.001d_1)=645.16(1+0.0042)$$
$$=648.3\text{kg/h}$$

注意：在计算湿空气质量 m 及干空气质量 $m_{\rm dry}$时，虽然两者相差不大，但是将 $m_{\rm dry}$看作是湿空气的质量 m，或将 m 看作干空气的质量 $m_{\rm dry}$，在概念上讲都是错误的。

2.3 湿空气的热力过程

湿空气处理过程主要研究过程中湿空气焓值及含湿量与温度、相对湿度之间的变化关系。其方法是利用稳定流动能量方程式及质量守恒方程，并借助于湿空气的线图。在处理过程中，可以由一个过程完成，也可以由多个过程组和完成。本节将简要介绍常用的几个基本热力过程。

2.3.1 加热或冷却过程

湿空气单纯的加热或冷却时，压力($p_{\rm dry}$和 $p_{\rm vap}$)和含湿量均保持不变。在 h-d 图上过程沿等含湿量线方向，在加热过程中，空气的温度升高、焓值增大，含湿量减小，如图 2-9 所示的 1-2 过程，反之，如果对湿空气冷却其过程线沿等含湿量线向下，如图 2-10 所示的

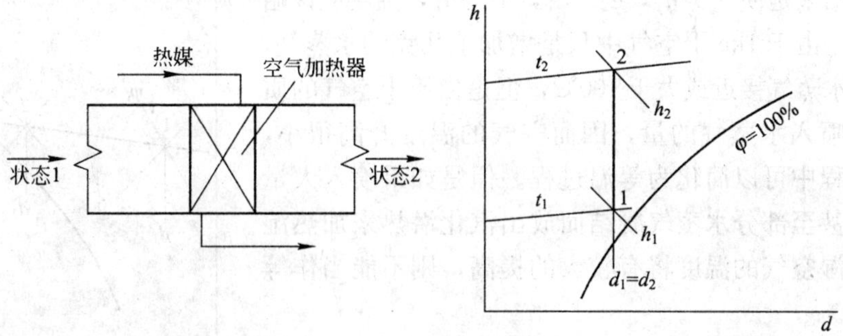

图 2-9 湿空气的加热过程

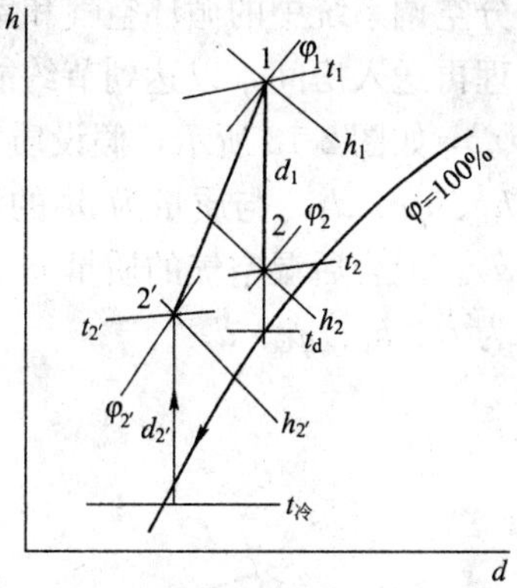

图 2-10 湿空气的冷却过程

1-2 过程。根据稳定流动能量方程，过程中吸热量或发热量等于焓差，即：

$$q=\Delta h=h_2-h_1 \tag{2-21}$$

式中 h_2、h_1——初、终态湿空气的焓差，kJ/kg 干空气。

2.3.2 绝热加湿过程

在绝热的情况下对空气进行加湿，称为绝热加湿过程。常用的绝热加湿方法是喷水加湿。在绝热的条件下向湿空气喷水，增加其含湿量。水分蒸发所需要的热量，在外界不对空气提供热量的情况下，汽化所需要的热量将由空气本身供给，因此，加湿后湿空气的温度将有所降低。

根据质量守恒定律，喷水量等于湿空气含湿量的增加，即：

$$q_{m,l}=q_{m,dry}(d_2-d_1) \tag{2-22}$$

对空气来说，其焓值只是增加了几克水的液体焓，因此可以认为绝热加湿过程是一个等焓过程，如图 2-11 所示过程 1-2。

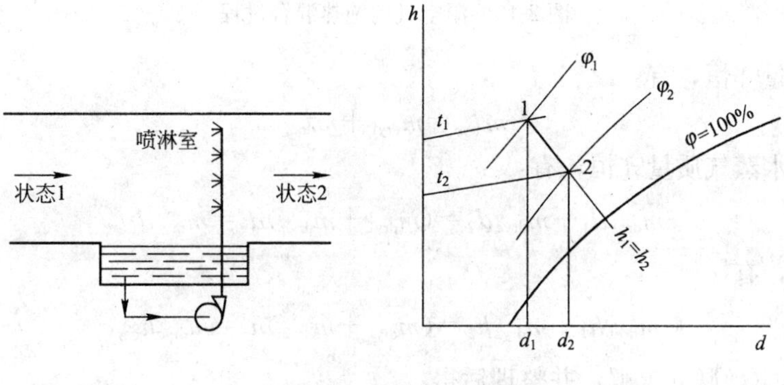

图 2-11 绝热加湿过程

2.3.3 等温加湿过程

在湿空气中喷入少量的水蒸气，实现对湿空气的加湿过程称为等温加湿过程，这种方式在小型空调机组中是经常采用的。此时，湿空气从状态 1 变化到状态 2，如图 2-12 所示。喷入水蒸气的结果是使 $h_2>h_1$，$\varphi_2>\varphi_1$，$d_2>d_1$，温度应该略有升高，但是由于1kg干空气中只是增加了几克的水蒸气，虽然喷入的水蒸气接近或大于100℃，但是由于干空气的质量远远大于喷入水蒸气的量，因而空气的温度升高很小，故在空调工程中可以简化为等温过程。但是如果喷入大量的水蒸气，甚至部分水蒸气凝结而放出汽化潜热来加热湿空气，此时湿空气的温度将有较大的提高，则不能当作等温过程处理。

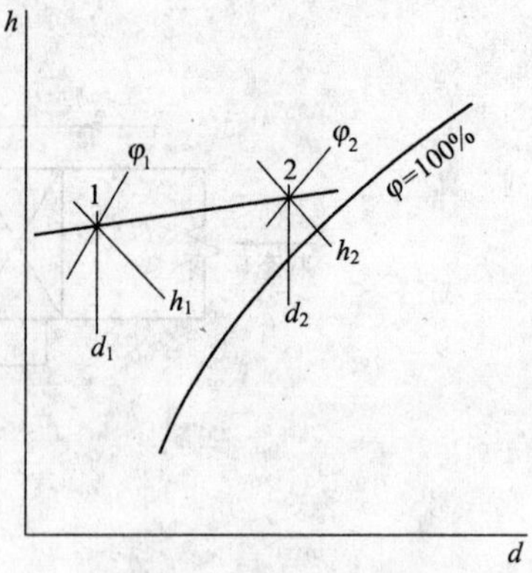

图 2-12　等温加湿过程

2.3.4　绝热混合过程

空调工程中，在满足卫生条件的情况下，经常使一部分空调系统中的循环空气和室外新鲜空气混合后，经过处理再送入房间，以达到节约能源的目的。

如图2-13所示，假设质量为 m_1 的湿空气(其中干空气的质量为 m_{dry1})，状态参数为 t_1、h_1、φ_1、d_1。与质量为 m_2 的湿空气(其中干空气的质量为 m_{dry2})，状态参数为 t_2、h_2、φ_2、d_2。混合后湿空气的质量 $m_c=m_1+m_2$(其中干空气的质量 $m_{\text{dryc}}=m_{\text{dry1}}+m_{\text{dry2}}$)，状态参数为 t_c、h_c、φ_c、d_c。

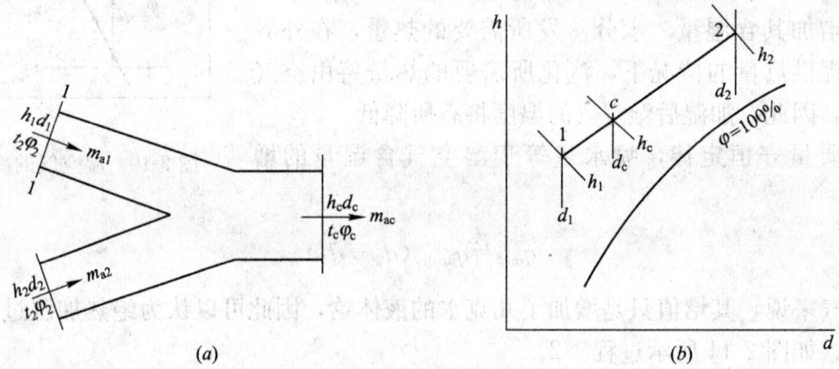

图 2-13　湿空气的绝热混合过程

根据干空气质量守恒，有：

$$m_{\text{dryc}}=m_{\text{dry1}}+m_{\text{dry2}} \tag{a}$$

根据湿空气中水蒸气质量守恒，有：

$$m_{\text{dry1}}d_1+m_{\text{dry2}}d_2=(m_{\text{dry1}}+m_{\text{dry2}})d_c=m_{\text{dryc}}d_c \tag{b}$$

根据能量守恒，有

$$m_{\text{dry1}}h_1+m_{\text{dry2}}h_2=(m_{\text{dry1}}+m_{\text{dry2}})h_c=m_{\text{dryc}}h_c \tag{c}$$

将式(a)、(b)、(c)联立求解，并整理后得：

$$\frac{m_{\text{dry2}}}{m_{\text{dry1}}}=\frac{h_c-h_1}{h_2-h_c}=\frac{d_c-d_1}{d_2-d_c} \tag{2-23}$$

式(2-23)的左边代表 h-d 图上过程1-c 的斜率，右边代表过程 c-2线的斜率。由于过程1-c 和过程 c-2斜率相同，因此可以判定状态 c 在1-2过程线上，并且点 c 将1-2线分割时与干空气的质量流量成反比。

【例 2-6】 在空调设备中，将 $t_1=30℃$、$\varphi_1=75\%$的湿空气先冷却到 $t_2=15℃$，然后又加热到 $t_3=22℃$。干空气流量 $m_{dry}=500kg/min$。试计算调节后空气的状态、冷却器中空气的放热量及凝结水量、加热器中的加热量。($B=0.1MPa$)

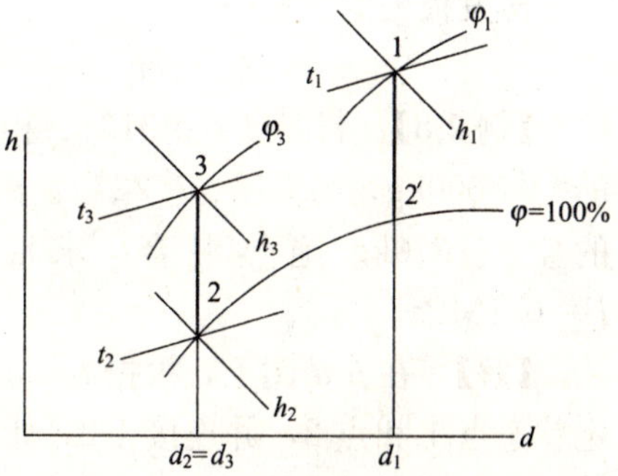

图 2-14 例题 2-6 图

【解】 空气调节过程表示在 h-d 图上，如图 2-14 所示。1-2′-2 为冷却去湿过程。

从 h-d 图可查得：

$h_1=82kJ/kg$ 干空气； $d_1=20.4g/kg$ 干空气

$h_2=42kJ/kg$ 干空气； $d_2=10.7g/kg$ 干空气

2-3 为加热过程

从 h-d 图上查得点 3 的状态的参数：

$h_3=49kJ/kg$ 干空气； $d_2=d_2=10.7g/kg$ 干空气；

$$\varphi_3=64\%$$

在空气冷却器中(过程 1-2′-2)

放出的热量为 $Q_1=m_{dry}(h_2-h_1)=500(42-82)=-2\times10^4 kJ/min$

凝结水量为 $m_w=m_{dry}(d_2-d_1)=500(20.4-10.7)\times10^{-3}$

$=4.85kg/min$

在空器加热器中(过程 2-3)

吸热量为 $Q_2=m_{dry}(h_3-h_2)=500(49-42)=3500kJ/min$

【例 2-7】 35℃的热水 $m_{w3}=2\times10^4 kg/h$ 的流量进入冷却塔，被冷却到 20℃后流出。进入冷却塔的空气状态为 $t_1=20℃$，$\varphi_1=60\%$，在 30℃的饱和状态下离开。求进入冷却塔的湿空气质量流量，离开冷却塔的湿空气质量流量及蒸发损失的水量。设当地大气压力为 101325Pa。

【解】 由 $t_1=20℃$，$\varphi_1=60\%$及 $t_2=30℃$，$\varphi_2=100\%$从 h-d 图查得：

$h_1=42.4kJ/kg$ 干空气； $d_1=8.6g/kg$ 干空气

$h_2=100kJ/kg$ 干空气； $d_2=27.3g/kg$ 干空气

由 $t_3=35℃$及 $t_4=20℃$，取水的平均定压比热 $c_{pm}=4.1868kJ/(kg\cdot k)$则水的焓值为：

$$h_{w3}=4.1868\times35=146.54kJ/kg$$

$$h_{w4}=4.1868\times20=83.74kJ/kg$$

进入冷却塔的湿空气中干空气的质量为：

$$m_{dry}=\frac{m_{w3}(h_{w3}-h_{w4})}{(h_2-h_1)-h_{w4}(d_2-d_1)\times10^{-3}}$$

$$=\frac{2\times10^4\times(146.54-83.74)}{(100-42.4)-83.74\times(27.3-8.6)\times10^{-3}}=29.1\times10^3 kg/h$$

进入冷却塔的湿空气质量流量为：

$$m_1=m_{dry}(1-0.001d_1)=29.1\times10^3\times1.0086=29.35\times10^3 kg/h$$

离开冷却塔的湿空气质量流量为：

$$m_2 = m_{dry}(1-0.001d_2) = 29.1\times10^3\times1.0273 = 29.894\times10^3 kg/h$$

蒸发损失的水量为：

$$m_w = m_2 - m_1 = (29.894-29.35)\times10^3 = 544kg/h$$

【例 2-8】 若温度 $t_1=31℃$、相对湿度 $\varphi_1=80\%$ 的空气 600kg，与温度 $t_2=22℃$、相对湿度 $\varphi_2=60\%$ 的空气 200kg 绝热混合，求混合后状态。设 $B=0.1MPa$。

【解】 在 h-d 图上，根据 t_1、φ_1 及 t_2、φ_2 分别确定状态点 1 和点 2，并连接 1-2，如图 2-15 所示。若以湿空气流量近似代替其中干空气的流量，有 $\frac{1-c}{c-2}=\frac{m_2}{m_1}=\frac{200}{600}=\frac{1}{3}$ 那么可将线段 1-2 分为 4 等份，距离点 1 为 1 等份处，即混合后湿空气状态点 c，可查得：

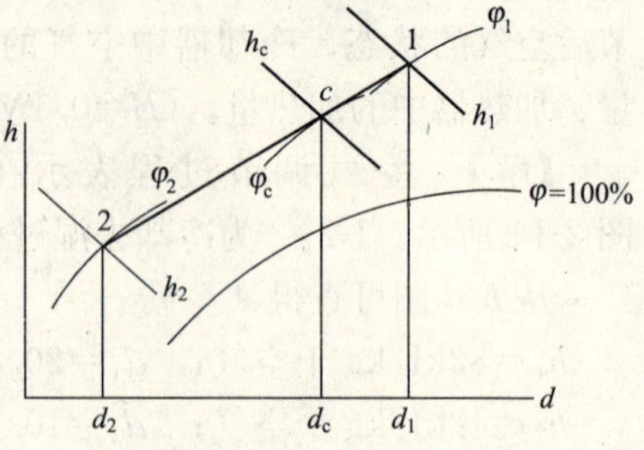

图 2-15 例题 2-8 图

$$t_c=29℃;\quad \varphi_c=77\%$$

$$d_c=19.8g/kg;\quad h_c=79kJ/kg$$

2.4 小　　结

湿空气是由干空气和水蒸气组成。在一般情况下干空气作为一个整体对待，可当作理想气体来处理；又由于湿空气中水蒸气的分压力很低、含量很少，也可视为理想气体，因此湿空气可以被认为是理想混合气体。本章主要介绍了湿空气的性质、湿空气的焓湿图(h-d 图)的构成和应用，最后介绍了湿空气热力过程的分析计算。本章的主要内容有：

1) 对于湿空气的绝热湿度、相对湿度、露点温度、湿球温度、含湿量和焓等状态参数的意义和表达式，以及饱和湿空气和未饱和湿空气的概念等要充分理解并掌握，要会用这些表达式对其状态参数进行一般计算。应当明确必须有 3 个独立的参数才能确定湿空气的状态。

2) 湿空气的焓湿图(h-d 图)是在一定大气压力 B 下，根据湿空气各状态之间的参数关系式绘制而成的。h-d 图的纵横坐标轴构成 135°的倾斜角坐标系，图上有定焓线、定含湿量线、等温线、定相对湿度线以及水蒸气的分压力线、角系数辐射线。该图在湿空气过程的分析计算中具有很重要的作用，必须了解其结构，并会利用 h-d 图来确定湿空气的状态参数、分析湿空气的热力过程。另外还应掌握热湿比(角系数)ε 的含义及用途。

3) 对湿空气的加热或冷却、绝热加湿、等温加湿和绝热混合等典型过程要充分理解，并能熟练地在 h-d 图上把这些过程表示出来。并会利用 h-d 图查出这些过程的初、终态参数，进而进行分析计算。

第3章 冷却塔的冷却原理

水的冷却是水将热量传给空气，而使水自身的温度降低下来。水的散热方式主要靠对流散热与蒸发散热，对于冷却塔来说，由辐射带走的热量很少，可以不考虑。

3.1 冷却塔的组成

冷却塔一般由通风筒、配水系统、淋水装置、通风设备、收水器和集水池等部分组成。

3.1.1 通风筒

通风筒是冷却塔的外壳，气流的通道。外界空气由塔筒下部进风口进入塔内(对于横流塔则是从筒侧进入塔内)。空气穿过淋水装置时，与热水进行热湿交换，然后排至塔外。

通风筒的外形和高度对气流的影响很大，自然通风冷却塔就是靠塔内外空气的温度差造成的压差来抽风的。因此，一般风筒都很高，可高达150m以上。而机械通风塔主要靠机械强制通风，风筒一般较低，在10m左右。通风筒的形状对塔内气流的阻力影响很大。通风筒在结构上还起支撑塔内淋水装置、配水装置的作用。

3.1.2 配水系统

配水系统的作用是将热水均匀地洒到整个淋水装置上。配水系统有3种形式。

(1) 槽式配水系统

通常由水槽、管嘴及溅水碟组成。热水经配水槽、管嘴落下，溅射在溅水槽碟上，溅成无数小水滴，射向四周，以达到向淋水装置均匀布水的目的。

水槽可做成树枝状、环状，管嘴安装在槽底或槽侧，间距取决于溅水碟的溅撒半径，而溅撒半径随管嘴水流的跌落高度的增大而增大，一般溅水碟在管嘴下方0.5～0.7m处，其溅撒半径也为0.5～0.8m，因此，管嘴的间距常取0～1.0m。

(2) 池式配水系统

配水池建在淋水装置正上方，池底均匀地开有4～10mm孔口(或者装管嘴、喷嘴)，热水由配水管经溢流槽落入配水池中，通过池底的孔口或喷嘴洒向淋水装置。为使各孔口洒水均匀，要求池中有一定水深，一般不小于100mm。池式配水比较均匀，维护也方便，适合于横流式冷却塔。

(3) 管式配水系统

这种系统的配水部分由干管、支管组成。布水部分有喷嘴、配水管上开孔及旋转布水器3种形式。

喷嘴前的工作压力一般为4～7mH_2O。

孔口开在配水管上，与水平成45°角，直径为5mm。

旋转布水器是带有几根布水管的可转动的布水装置。布水管上开有孔眼或者细缝，水流从中喷出，并利用水的冲力使装置自行转动。它的布水是间歇的，对于提高配水均匀程度有好处。

3.1.3 淋水装置

淋水装置又称填料，其作用是使进入塔内的热水尽可能地扩大与空气的接触表面积，延长水在塔内的流程，以增加水汽之间的热湿交换。冷却塔中的冷却过程主要是在淋水装置中进行的，因此淋水装置是冷却塔的关键部位。

一种好的填料应当具备以下特性：1)单位体积中含表面积大；2)空气阻力小；3)有良好的亲水性，以使水在其表面呈均匀的水膜；4)水流在填料中有较长的流程；5)轻质坚固变形小；6)化学稳定性好：7)取材容易，造价低廉。完全符合上述条件的填料很少，但人们在这方面做了不少工作，出现了不少形式的填料可供选用。

淋水装置可根据水在其中所呈现的形状分为3类，即点滴式、薄膜式及点滴薄膜式。

(1) 点滴式

由水平或倾斜布置的板条形成大小不同的水滴，与空气接触进行热湿交换。在这里，水滴表面的散热约占总散热量的60%～75%，沿板条形成的水膜散热约占25%～30%。

(2) 薄膜式

热水在淋水装置上形成膜状水流缓慢流动，借此来增大与空气的接触面积和接触时间。在这种装置里，通过水膜的散热量约占热水总散热量的70%。

薄膜式淋水装置是以模板按一定间距排列而成的。模板的材料可以是各种各样的，目前以石棉水泥板、塑料板居多。模板的形状可以是平板、带波纹的板。根据模板的形状和它们组装的形式不同，薄膜式淋水装置又分为斜波式、点波式、石棉水泥小波瓦纸蜂窝淋水装置等不同类型。

(3) 点滴薄膜式

钢丝水泥网格板是点滴薄膜式淋水装置的一种。它是以16～18号钢丝作筋制成的50mm×50mm×50mm方格孔的网板，每层网板间留有50mm左右的间隙，层层装设，总高可达1.5m左右。热水以水滴的形式淋洒下去，故称为点滴薄膜式。

钢丝水泥网格板制作取材都比较方便，但重量较大，一般用在大中型逆流式冷却塔中。

蜂窝、点波式有较大的接触表面积，但风阻力较大，纸蜂窝的使用寿命也短，一般在5年左右，强度小，适用于小型冷却塔中。斜交错式从热力、风阻、材料性能及施工上都比较好，运用于大中小各式冷却塔中。其他如塑料、石棉直波纹在大、中型横流塔中也广泛采用。

3.1.4 通风设备

机械通风塔中一般用轴流风机。轴流风机风量大、风压小、可作短时间反转(在冬季可将热风反压向塔的进风口，借以融化风口的冰凌)，它可用调整叶片角度来改变风量与风压，使用方便。

3.1.5 配风导风装置

为使进塔空气分布均匀，也为了减少风压损失，常常需要在冷却塔的适当部位装设配风及导风装置。在填料下，加设配风板对改善塔内风量分配有利。在进风口上方，加上弧形导风板可以使进入塔内的气流减少涡流，从而减少风压损失。在塔上部，塔筒与排风筒的连接处应做成平滑的弧线型衔接，以减少风压的涡流损失。另外，加大进风口面积，可使配风均匀、阻力减少，但这也有一定限度，否则，会增大造价。一般进风口面积为填料断面的0.35～0.45为宜。

3.1.6 收水器

收水器是拦截冷却塔排除的热空气中的小水滴的装置。在逆流塔中，设置在配水设备上，在横流塔中，收水器斜放在淋水装置的内侧。

收水器一般由1～2层甚至3层曲折排列的板条组成。有些地方也有用150～350mm厚的一层塑料斜交错填料作收水器的，效果较好。自然通风塔中，由于风速小，塔筒较高，一般水滴散失少，可不装收水器。

3.1.7 集水池

为收集经过淋水装置冷却以后的水，也为储存调节水量而用。集水池建在塔的底部，一般有效水深为1.2～1.5m，池内设集水坑(深约0.3～0.5m)，池底有不小于0.5%的坡度，坡向集水坑，以利于排污和放空。

在城市用水中，冷却水量占较大的比例，这些冷却水直接排放不仅造成热污染，还会造成较大的经济和资源浪费。因此，需要将这些冷却水循环重复利用，以提高水的有效利用率，缓解当前水资源短缺的状况。使高温的冷却水降低温度得以重复利用的关键设备就是冷却塔。

3.2 冷却塔的冷却原理

3.2.1 对流散热

两种不同温度的物体相接触可以传递热量，水与不同温度的空气接触，也有热量传递。

通过单位接触面积单位时间传递的热量可以用下式来计算：

$$q_c=\alpha(T-t) \tag{3-1}$$

式中 α——对流换热系数，W/(m²·℃)；

T——水的温度,℃；

t——空气温度,℃。

3.2.2 蒸发散热

蒸发散热可用气体动力学理论来解释。因为水是由大量水分子组成的，分子在不停地运动，各分子运动的速度不相同，且各分子具有的能量大小也不相同。由于分子的无规则运动，相互之间发生碰撞，结果使得一些分子的能量减小，而另一些分子能量增大。当个别能量大的分子克服液面分子对它的吸引力，便会进入空气中，成为水蒸气，而余下的分子平均动能便会降低，也就是水的温度降低了。

从以上分析可以看出，蒸发降温与空气温度低于或高于水温无关。只要水分子能不断向空气中蒸发，水温就会降低。但是，水向空气中蒸发也不会无休止地进行下去，因为蒸发受到空气中含水蒸气能力的限制。当与水接触的空气不饱和时，从水中不断地向空气中蒸发水分；当水面上的空气已到饱和状态时，水分子就蒸发不出去，而是处于一种动平衡状态，蒸发出去的水分子数量等于从空气中返回到水中的水分子数量，水温保持不变。由此可见，与水接触的空气越干燥，蒸发就越容易进行。

蒸发散热量可用下式计算：

$$q_e = r m_z \tag{3-2}$$

式中 r——水的汽化潜热，J/kg；

m_z——水的蒸发量，kg/(m² · s)。

水的蒸发量 m_z 的推动力为蒸汽压力差，故可表示为下列关系：

$$m_z = k_p (P''_V - P_V) \tag{3-3}$$

式中 P''_V——饱和水蒸气分压力，Pa；

P_V——空气中水蒸气分压力，Pa；

k_p——以分压差为基准的湿交换系数，kg/(m² · s · Pa)。

m_z 还可以表示成含湿量推动力的关系，于是得出：

$$m_z = k_x (d_b - d) \tag{3-4}$$

式中 d_b——与水接触的边界层的空气含湿量，kg/kg 干空气；

d——周围空气的含湿量，kg/kg 干空气；

k_x——以含湿量差计算的湿交换系数，kg/(m² · s)。

下面寻求 k_p 与 k_x 之间的函数关系。

由相对湿度的定义，可得：

对于湿空气：

$$d = 0.622 \frac{P_V}{B - P_V} \tag{3-5}$$

对于饱和空气：

$$d = 0.622 \frac{P''_V}{B - P''_V} \tag{3-6}$$

式中 B——大气压力，Pa。

式(3-5)、式(3-6)经变换，可得出：

$$P_V = \frac{d}{0.622 + d} B \tag{3-7}$$

$$P''_V = \frac{d_b}{0.622 + d_b} B \tag{3-8}$$

利用数学展开公式得：

$$\frac{d}{0.622+d} = \frac{d}{0.622}\left(\frac{1}{1+\frac{d}{0.622}}\right) = \frac{d}{0.622}\left[1 - \frac{d}{0.622} + \left(\frac{d}{0.622}\right)^2 \cdots\cdots\right] \tag{3-9}$$

式中，$\frac{d}{0.622}$值很小，$\frac{d}{0.622}$的高次方可以省略，故得：

$$\frac{d}{0.622+d} = \frac{d}{0.622}\left(1 - \frac{d}{0.622}\right) = 1.61d(1 - 1.61d) \tag{3-10}$$

同样的方法可得：

$$\frac{d_b}{0.622+d_b} = 1.61 d_b (1 - 1.61 d_b) \tag{3-11}$$

将式(3-10)和式(3-11)分别代入式(3-7)和式(3-8)得：

$$P_V = 1.61Bd(1-1.61d) \tag{3-12}$$

$$P''_V = 1.61Bd_b(1-1.61d) \tag{3-13}$$

将 P_V、P''_V代入式(3-3)得：

$$\begin{aligned} m_z &= k_p[1.61Bd_b(1-1.61d_b)-1.61Bd(1-1.61d)] \\ &= 1.61k_pB[d_b-1.61d_b^2-d+1.61d^2] \\ &= 1.61k_pB[(d_b-d)-1.61d(d_b^2-d^2)] \\ &= 1.61k_pB(d_b-d)[1-1.61d_b+d] \end{aligned} \tag{3-14}$$

$$m_z = 1.61k_pB(d_b-d)(1-\Delta d) \tag{3-15}$$

$$\Delta d = 1.61(d_b+d) = 1.61\Sigma d \tag{3-16}$$

在冷却塔中，Δd 可以近似地表示为：

$$\Delta d = \frac{1.61(d_{b1}+d_{b2}+d_1+d_2)}{2} = 0.8\Sigma d \tag{3-17}$$

式中 d_{b1}、d_{b2}——进水温度和出水温度时的饱和空气的含湿量，kg/kg 干空气；

d_1、d_2——进塔空气和出塔空气的含湿量，kg/kg 干空气。

由于 Δd 值比较小，故可近似地取：

$$1-\Delta d \approx \frac{1}{1+\Delta d} = \frac{1}{1+0.8\Sigma d} \tag{3-18}$$

将上式代入(3-15)式得

$$m_z = 1.61k_pB(d_b-d)\frac{1}{1+\Delta d} = k_x(d_b-d) \tag{3-19}$$

所以，

$$k_x = \frac{1.61B}{1+\Delta d}k_p \tag{3-20}$$

对流散热 q_c 与蒸发散热 q_e 之和代表了从水传入空气的总热量 q，即：

$$q = q_c + q_e = \alpha(T-t) + rk_p(p''_v - p_v) \tag{3-21}$$

q 也就是水所损失的热量，水损失热量后，水温 T 将降低，从而得到冷却。

3.2.3 冷却水散热的几种状况

当空气与水相接触，有如下几种散热状况：

1）当水温高于空气温度时，对流散热与蒸发散热都向一个方向进行，水所散出的热量为：

$$q = q_c + q_e$$

2）当水温等于空气温度时，由于对流散热的推动力温差 $\Delta t = T - t = 0$，所以，对流散热量 $q_c = 0$，水的散热仅为蒸发散热。

$$q = q_e$$

3）当水温低于空气温度时，对流散热不是使水温降低，而是使水温升高，如果蒸发散热大于对流散热传给水的热量，则水温还可以继续降低，即：

$$q=q_e-q_c$$

4）当水温低于空气温度，若蒸发散热量 q_e 与对流热传给水的热量 q_c 相等，则水将停止向外散热，即：

$$q=q_e-q_c=0$$

这是一种动态平衡，此时虽然水不向外散热，但蒸发仍不断进行，只是蒸发散出的热量与对流散热传回的热量相等。

在总的传热量中，蒸发散热与对流散热在不同的季节所占的比例是不同的。在春、夏、秋三季中，水与空气的温差较小，蒸发散热起主要作用，夏季最高时可达总传热量的80%～90%；但在冬季，当水与空气的温差较大时，对流散热就起了主要作用，传热量可达总量的50%以上，在寒冷地区，甚至可高达70%。

不同水温条件下，对流散热和蒸发散热之间的关系，可以由给定气象条件的散热量 q 和水温的关系曲线来表示。图3-1为 $B=99.3$kPa，$t=36.6$℃，空气相对湿度为27%，对流换热系数 $\alpha=0.1419$kW/(m^2·℃)时的 $q=f(T)$ 关系曲线。图中，曲线1为总散热量关系曲线，曲线2为蒸发散热量关系曲线，曲线3为对流换热关系曲线。

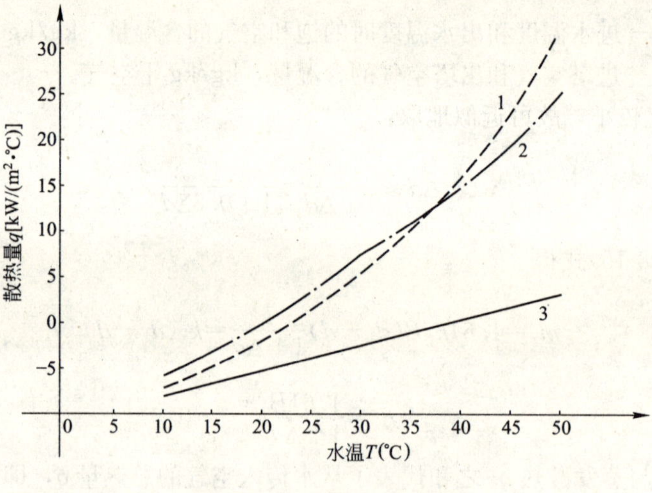

图3-1 散热量关系曲线

1—总散热；2—蒸发散热；3—对流散热

3.3 空调用冷却塔的主要类型

世界各国对循环水的冷却设备——冷却塔的研究都十分重视。

下面重点介绍在空调系统中常用的逆流式冷却塔、横流式冷却塔、喷射式冷却塔、流力冷却塔。

3.3.1 逆流式冷却塔

逆流式冷却塔主要由塔体、填料、风机、布水器(配水装置)、挡水板(除水器)等组成，图3-2是逆流式冷却塔工作原理图。

在冷却塔内，借助于通风机的强制通风，使气流从下向上流动，而水滴则从上向下流动，气、水逆向流动，进行热质交换。因此，具有较好的冷却效果。塔内填料断面处的平均风速一般为 2～3m/s，冷却幅高可达 3～5℃，淋水密度控制在 12～15t/(m^2·h)。

在冷却塔内进行两个过程，水的冷却降温过程与空气的增温增湿过程。以图 3-3 所示的逆流式冷却塔为例加以说明。

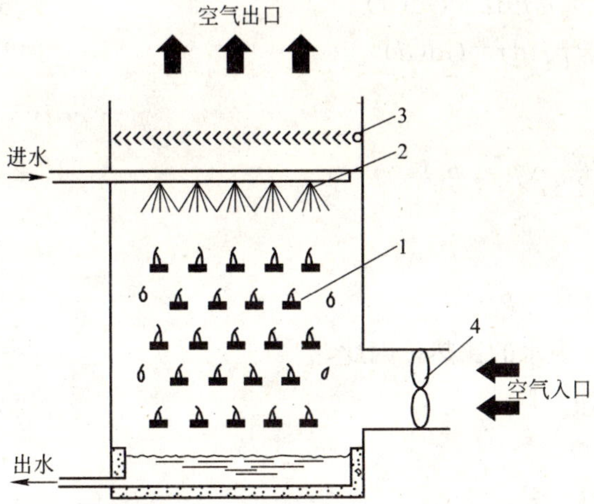

图 3-2　逆流式冷却塔工作原理图

1—填料；2—淋水装置；3—挡水板；4—风机

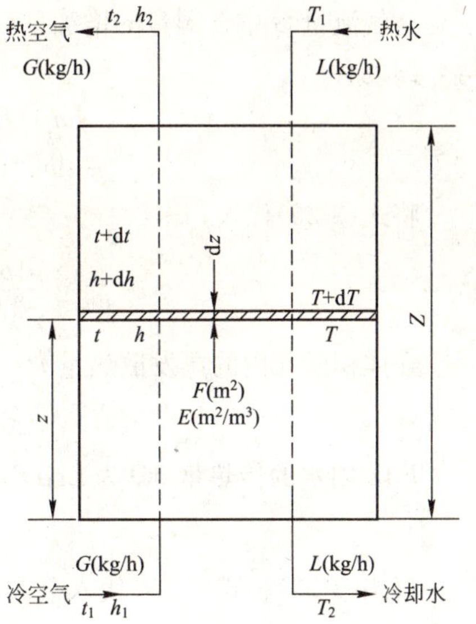

图 3-3　逆流式冷却塔的工作参数

温度为 T_1 的热水以流量 L 从塔顶配水系统处在断面上均匀向下淋洒，通过断面面积为 F，高度为 Z 的填料分散成水滴或水膜，与塔底吹入的空气进行热交换后，流出塔外，要求水温降为 T_2。在塔底以足够使水温降为 T_2 的冷空气流量 G 进入塔内，其温度、含湿量和焓值分别为 t_1、d_1 和 h_1，空气与水在塔内逆流进行热交换后，其出塔的温度、含湿量和焓分别为 t_2、d_2 和 h_2。在填料高度 Z 处取微元高度 dZ 与断面面积 F 所构成的体积微元 $F\mathrm{d}Z$ 进行热量分析，即可建立冷却过程的基本方程。

在体积微元 $F\mathrm{d}Z$ 内的对流散热量可表示为：

$$\mathrm{d}Q_c=\alpha(T-t)\alpha F\mathrm{d}Z=\alpha(T-t)\mathrm{d}f \tag{3-22}$$

式中　E——热水与空气在填料层内的接触比表面积，$E=A/V$，A、V 分别代表填料层的接触面积和填料层总体积；

$\mathrm{d}f$——dZ 高度内的接触面积微元 $EF\mathrm{d}Z$。

根据热平衡，水所散失的热量等于湿空气因温度增加所增加的热量，以 c_x 代表湿空气的比热，得出：

$$\mathrm{d}Q_c=Gc_x\mathrm{d}t \tag{3-23}$$

由以上两式得：

$$\frac{\mathrm{d}t}{\mathrm{d}f}=\frac{\alpha}{Gc_x}(T-t) \tag{3-24}$$

根据含湿量的定义，dZ 微元内含湿量的增量可写为：

$$\mathrm{d}(d)=0.622\,\frac{\mathrm{d}p_{\mathrm{v}}}{p_0} \tag{3-25}$$

式中 p_0——干空气的压力，Pa。

空气流量 G 中含湿量的增加量 $G\mathrm{d}(d)$ 是由于水流量蒸发量 $d(m_z)$ 所引起的，二者应相等，因此有：

$$\mathrm{d}m_z=k_{\mathrm{p}}(p''_{\mathrm{v}}-p_{\mathrm{v}})\alpha F\mathrm{d}Z=G\mathrm{d}(d) \tag{3-26}$$

$$\mathrm{d}m_z=k_{\mathrm{p}}(p''_{\mathrm{v}}-p_{\mathrm{v}})\mathrm{d}f=G\mathrm{d}(d) \tag{3-27}$$

将式(3-25)代入，得：

$$\frac{\mathrm{d}p_{\mathrm{v}}}{\mathrm{d}f}=\frac{k_{\mathrm{p}}p_0}{0.622G}(p''_{\mathrm{v}}-p_{\mathrm{v}}) \tag{3-28}$$

在体积微元内的蒸发散热量为：

$$\mathrm{d}Q_{\mathrm{e}}=k_{\mathrm{p}}(p''_{\mathrm{v}}-p)r\mathrm{d}f \tag{3-29}$$

$F\mathrm{d}Z$ 内水的传热量 dQ 为 $Lc\mathrm{d}T$，其中 c 为水的比热，因此，

$$\mathrm{d}Q=\mathrm{d}Q_{\mathrm{c}}+\mathrm{d}Q_{\mathrm{e}} \tag{3-30}$$

将式(3-23)、式(3-29)代入上式，得：

$$\frac{\mathrm{d}T}{\mathrm{d}f}=\frac{\alpha}{LC}(T-t)+\frac{rk_{\mathrm{p}}}{LC}(p''_{\mathrm{v}}-p_{\mathrm{v}}) \tag{3-31}$$

式(3-24)、式(3-28)、式(3-31)构成联立微分方程组：

$$\begin{cases}\dfrac{\mathrm{d}t}{\mathrm{d}f}=\dfrac{\alpha}{Gc_{\mathrm{x}}}(T-t) & (3\text{-}32)\\[2ex] \dfrac{\mathrm{d}p_{\mathrm{v}}}{\mathrm{d}f}=\dfrac{k_{\mathrm{p}}p_0}{0.622G}(p''_{\mathrm{v}}-p_{\mathrm{v}}) & (3\text{-}33)\\[2ex] \dfrac{\mathrm{d}T}{\mathrm{d}f}=\dfrac{\alpha}{Lc}(T-t)+\dfrac{rk_{\mathrm{p}}}{Lc}(p''_{\mathrm{v}}-p_{\mathrm{v}}) & (3\text{-}34)\end{cases}$$

令 $R=G/L,\quad a=\dfrac{\alpha}{k_{\mathrm{p}}c_{\mathrm{x}}R},\quad b=\dfrac{p_0}{0.622R},\quad \omega=f\times(k_{\mathrm{p}}/L)$

则微分方程组变成下列形式：

$$\begin{cases}\dfrac{\mathrm{d}t}{\mathrm{d}\omega}=a(T-t) & (3\text{-}35)\\[2ex] \dfrac{\mathrm{d}p_{\mathrm{v}}}{\mathrm{d}\omega}=b(p''_{\mathrm{v}}-p_{\mathrm{v}}) & (3\text{-}36)\\[2ex] \dfrac{\mathrm{d}T}{\mathrm{d}\omega}=\dfrac{\alpha}{k_{\mathrm{p}}}(T-t)+r(p''_{\mathrm{v}}-p_{\mathrm{v}}) & (3\text{-}37)\end{cases}$$

同时，假定饱和蒸汽压力 P''_{V} 与水温 T 呈直线关系，即：

$$P''_{\mathrm{V}}=m+nT \tag{3-38}$$

式中 m、n——常数。

由式(3-35)～式(3-38)可得，

$$\frac{d^3t}{d\omega^3}+\left(a+b-rn-\frac{a}{k_p}\right)\frac{d^2t}{d\omega^2}+\left(ab-anr-b\frac{a}{k_p}\right)\frac{dt}{d\omega}=0 \tag{3-39}$$

这一微分方程的特征方程为：

$$y^3+My^2+Ny=0 \tag{3-40}$$

其中，$M=a+b-rn-\frac{a}{k_p}$，$N=ab-anr-b\frac{a}{k_p}$

解出三次方程式(3-40)的 3 个根 0、y_1、y_2 后，可得其通解为：

$$t=c_1e^{y_1\omega}+c_2e^{y_2\omega}+c_3 \tag{3-41}$$

式中 c_1、c_2、c_3——积分常数，由积分的边界条件求出。

将 t 的表达式分别代入式(3-35)、(3-37)进行积分，即可得出 T、P_V 的表达式：

$$T=\left(c_1+\frac{y_1}{a}\right)e^{y_1\omega}+c_2\left(1+\frac{y_2}{a}\right)e^{y_2\omega}+c_3 \tag{3-42}$$

$$P_V=c_1\frac{y_1}{r}\left(c_xR-1-\frac{y_1}{a}\right)e^{y_1\omega}+c_2\frac{y_2}{r}\left(c_xR-1-\frac{y_2}{a}\right)e^{y_2\omega}+p''_v \tag{3-43}$$

在塔底，$f=0$ 即 $\omega=0$ 处，须满足下列 4 个条件：

$$\begin{aligned}&T=T_2\\&t=t_1\\&p''_v=p''_v-\delta p''_v\\&p_v=p_{v1}\end{aligned} \tag{3-44}$$

式中，$\delta p''_v=(p''_{v1}+p''_{v2}-2p''_m)/4$；$p''_m$代表平均水温$(T_1+T_2)/2$时的饱和蒸汽压力。

将上述边界条件代入式(3-41)～式(3-43)，可求出 C_1、C_2、C_3。

在塔顶处，$f=F$ 即 $\omega=\Omega=Ak_p/L$ 时的边界条件为：

$$\begin{cases}T=T_1\\p''_v=p''_{v2}-\delta p''_v\end{cases} \tag{3-45}$$

以 C_1、C_2、C_3、T_1 等的值和 Ω 代入式(3-42)可求得：

$$T_1=c_1\left(1+\frac{y_1}{a}\right)e^{y_1\Omega}+c_2\left(1+\frac{y_2}{a}\right)e^{y_2\Omega}+c_3 \tag{3-46}$$

如果略去右边数值相对小得多的第 2 项，则可直接求得 Ω 的表达式为：

$$\Omega=\frac{2.3}{y_1}\lg\frac{T_1-C_3}{c_1\left(1+\frac{y_1}{a}\right)} \tag{3-47}$$

由上式就可得出填料的总接触面积 A。

3.3.2 横流式冷却塔

横流式冷却塔中空气在传热传质过程中同水的流向是垂直的，填料放置在塔的周围，而水滴仍是自上而下流动。图 3-4 是横流式冷却塔工作原理图。

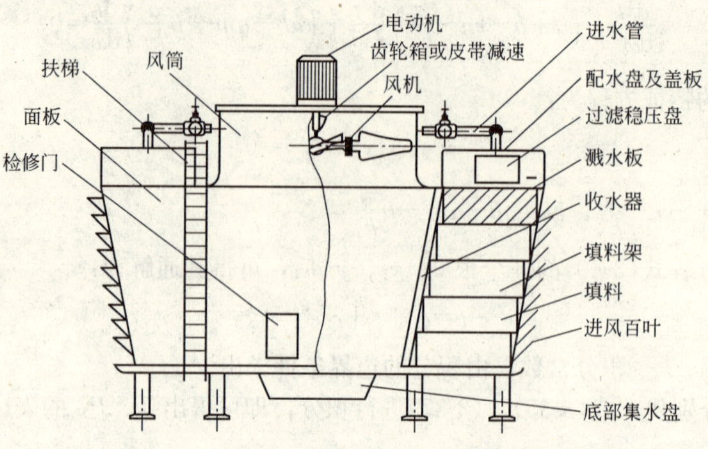

图 3-4 横流式冷却塔工作原理图

目前，在我国空调系统中应用的逆流式、横流式冷却塔外壳大多采用玻璃钢制作，这易于成形，便于安装，耐腐蚀。

3.3.3 喷射式冷却塔

高温水进入喷射式冷却塔的总管，通过过滤器过滤，再从许多个喷嘴中喷出。水经过喷嘴后就形成雾状水流，由于水从喷嘴高速喷出，便在喷嘴周围形成低压区。在压差的作用下，外界空气经过进口稳流装置进入塔内，并在塔体内部与水进行剧烈混合，接触换热面积很大；与此同时，水雾也不断蒸发，水的蒸发带走了汽化潜热，于是气、水间进行热质交换；最后，接近于饱和的空气温度升高，通过气水分离装置排出塔外，而水被冷却凝结成水滴，在气水分离装置上被收集，流入集水槽内进入回水总管，高温水就此被冷却。这种冷却塔没有转动部件和填料，结构简单，造价低，噪声较小。

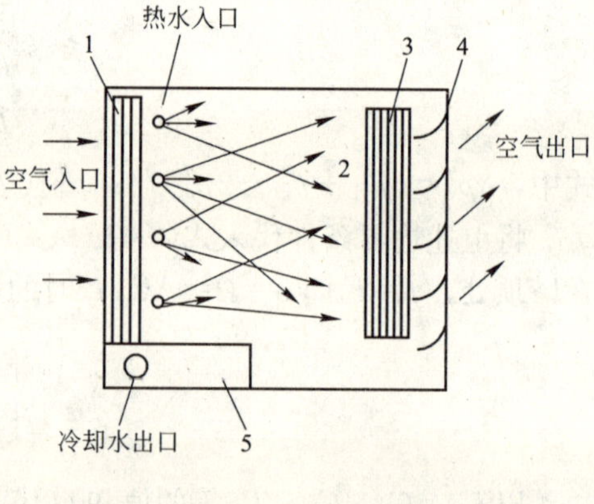

图 3-5 喷射式冷却塔工作原理图

1—吸风口；2—气水混合室；3—挡水板；4—排风口；5—集水槽

喷射式冷却塔主要由稳流装置、气水混合室、气水分离装置，排气百叶窗、集水槽等组成。图 3-5 是喷射式冷却塔工作原理图。

3.3.4 流力冷却塔

流力冷却塔(Fluid Dynamic Cooling Tower)是根据喷水引射和扩散器增压原理而设计的。当循环水从喷嘴以一定压力喷出时，形成高速射流。射流在扩散器的喉部造成负压区，将空气由下部不断地卷吸进来，在水与空气的动量交换过程中，水的一部分动能传递给空气，水与气混合进入扩散器，并在扩散过程中将水气混合流的动压转换为静压，使热空气正压排出塔外。流力冷却塔的这种能量转换形式所产生的没有风机的“风机效应”，与传统冷却塔风扇的作用是相同的。

流力冷却塔的喷嘴采用特殊的构造，喷出的水流为薄片扇形。因此，水流的表面和空气可以充分接触，水与空气在进行高效动量交换的同时，进行高效的热质交换。当水与空气流到达顶部挡水板时，气液分离，从水中吸收了热量的空气排出塔外，循环水沿扩散器表面回落至填料层，在填料层内进行二次气水热交换。上述一系列的能量转换和热交换过程，正是去除了风扇的流力冷却塔仍然能够获得良好热力性能的原因所在。

流力冷却塔的内部主体，由多组流体动能转换装置和散热材料(填料)组成。流体动能转换装置包括一根喷管、一对弧形板和一组挡水板，均为静态部件；填料层采用PVC斜梯波超大间距散热片，具有低阻力、高换热效率和不易阻塞的特点；进风口处装有外倾式百叶，以防止水溅出塔外。图3-6是流力冷却塔工作原理图。

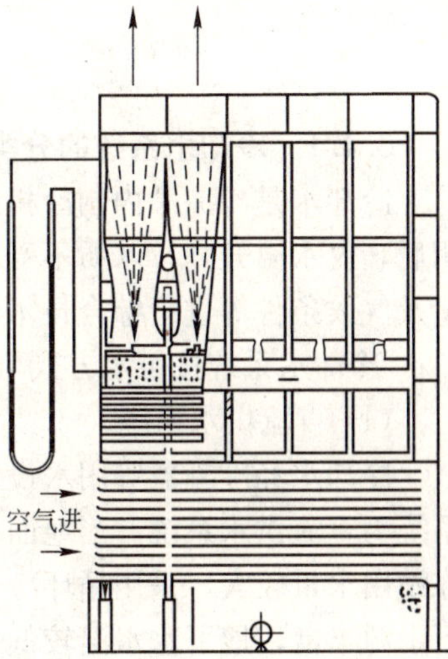

图3-6 流力冷却塔原理图

表3-1列出了逆流、横流、喷射式三种冷却塔性能比较及适用条件。

三种冷却塔性能比较 **表3-1**

项目	逆流式冷却塔	横流式冷却塔	喷射式冷却塔
效率	冷却水与空气逆流接触，热交换效率高	水量、容积散质系数与逆流塔相同，填料容积要比逆流塔大15%～20%	喷嘴喷射水雾的同时，把空气导入塔内，水和空气剧烈接触，进出水温差小，冷却幅度大时，效率高；反之，则较差
配水设备	对气流有阻力，配水系统维修不方便	对气流无阻力影响，维护检修方便	喷嘴将气流导入塔内，使气流流畅，配水设备检修方便
风阻力	水气逆向流动，风阻力较大，为降低进风阻力，往往提高进风口高度，以减少进风速度	比逆流塔低，进风口高，即淋水装置高，故进风风速低	由于无填料，无淋水装置，故进风风速大，阻力低
塔高度	塔总高度较高	填料高度接近塔高，收水器不占高度，塔总高度低	由于塔上部无风机，无配水装置，收水器不占高度，塔总高最低
占地面积	淋水面积同塔面积，占地面积小	平均面积较大	平均面积大
湿热空气回流	比横流塔小	由于塔身低，风机排风回流影响大	由于塔身低，有一定的回流
冷却水温差(℃)	可大于5	可大于5	4～5
冷却幅度(℃)	可小于5	可小于5	大于等于5
气象参数	湿球温度可大于27℃	湿球温度可高于27℃	湿球温度小于27℃
冷却水进入压力	要求0.1MPa	可小于等于0.005MPa	要求0.1～0.2MPa
噪声	超低噪声性可达55dB(A)	低噪声性可达65dB(A)	可达60dB(A)以下

3.4 空调冷却水系统

3.4.1 冷却水系统的分类

冷却水是冷冻站内制冷机的冷凝器、吸收器和压缩机的冷却用水。在工作正常时，使用后，仅水温升高，水质不受污染。冷却水的供应系统，一般根据水源、水质、水温、水量及气候条件等进行综合技术经济比较后确定。

冷却水系统按供水方式可分为直流供水和循环供水两种。

(1) 直流供水系统

冷却水经冷凝器等用水设备后，直接排入下水道或河流，或用于厂区综合用水管道的系统为直流供水系统。当地面水源水量充足，如江河、湖泊，水温、水质适合，且大型冷冻站用水量较大，采用循环冷却水系统耗资较大时，可采用河水直排冷却系统；当附近地下水源丰富，地下水水温较低，可考虑水的综合利用，利用水的冷量后，送入全长管网系统，作为生产、生活用水。

(2) 循环供水系统

在空调工程中，大量采用循环冷却水系统。该系统是将通过冷凝器等设备后温度较高的冷却水，在循环冷却水泵的作用下，送入冷却构筑物，经过降温处理后，再送入冷凝器循环使用的冷却系统。这种系统只需补充少量水，节省水量。循环冷却水系统按通风方式，可分为以下两种：

1) 自然通风冷却循环系统。该系统采用冷却塔或冷却喷水池等构筑物，使冷却水和自然风相互接触进行热量交换，冷却水被冷却降温后循环使用。其适合于当地气候条件适宜的小型冷冻机组。

2) 机械通风冷却循环系统。采用机械通风冷却塔或喷射式冷却塔，使冷却水和机械通风接触进行热量交换，从而降低冷却水温度后再送入冷凝器等设备使用的循环冷却系统，称机械通风冷却循环系统。其适合于气温高、湿度大，自然通风冷却塔不能达到冷却效果的情况。目前，运行稳定、可控的机械通风冷却循环系统被广泛地应用。

上述两种系统，均用自来水补充，以保证冷却水流量。

3.4.2 冷却水系统的设置

(1) 冷却塔的设置

1) 冷冻站为单层建筑时，冷却塔可根据总体布置的要求，设置在室外地面或屋面上，由冷却塔塔体下部存水，直接用自来水补水至冷却塔，并设加药装置进行水处理。该流程运行管理方便，但在冬季运行时，在结冰气候条件下，不宜采用。

当冷却水循环水量较大时，为便于系统补水，且在冬季运行的情况下，可使用设有冷却水箱的循环流程。冷却水箱可根据情况设在室内，也可设在屋面上。当建筑物层高较高时，为减少循环水泵的扬程，节省运行费用，冷却水箱一般设在屋面上。

2) 当冷冻站设置在多层建筑或高层建筑的底层或地下室时，冷却塔通常设置在建筑物相对应的屋顶上。根据工程情况，可分别设置单机配套相互独立的冷却水循环系统，或设置公用冷却水箱、加药装置及供、回水母管的冷却水循环系统。

(2) 冷却水箱的设置

1）冷却水箱的功能是增加系统水容量，使冷却水循环泵能稳定工作，并保证水泵入口不发生空蚀现象。这是由于冷却塔在间断运行时，为了使冷却塔的填料表面首先湿润，并使水层保持正常运行的厚度，而流向冷却塔底盘水箱，以达到动态平衡。水泵刚启动时，冷却水箱内的水尚未正常回流的短时间内，最易出现冷却水箱亏水，引起水泵进口缺水。为此，冷却塔水盘和冷却塔水箱的有效容积应能满足冷却塔部件由基本干燥到湿润正常运转情况所附有的全部水量。

一般逆流式斜坡填料玻璃钢冷却塔在短时间内，由于干燥状态到正常运转，所需附着水量约为标称小时循环水量的1.2%，即如果所选冷却水循环水量为200t/h，则冷却水箱容积应不小于200×1.2%=2.4m^3。

2）冷却水箱内如设浮球阀进行自动补水，则补水水位应是系统的最低水位。否则，将导致冷却水系统每次停止运行时，有大量溢流而造成浪费。

实际工程设计中，常用增大冷却水管管径的办法，减少或替代冷却水箱的容积。

3.4.3 冷却水循环系统设备的选择

冷却水循环系统的主要设备包括冷却水泵和冷却塔等，应根据制冷机设备所需的流量、系统压力损失及温度差等参数要求，确定水泵和冷却塔的规格、性能和台数。选择注意事项：

1）冷却水泵的选择要点与冷冻水泵相似，应从节能、占地少、安全可靠、振动小、维修方便等方面，择优选取；

2）冷却水泵宜设备用泵；

3）冷却塔布置在室外，其噪声对周围环境会产生一定的影响，应合理确定冷却塔的噪声要求，如普通型、低噪声型或超低噪声型。常用冷却塔一般用玻璃钢制作，其类型有逆流式、横流式、喷射式三种，选用时应根据具体情况，进行技术经济比较，择优选用；

4）加药装置可选择成套设备，其通常由溶药槽、电动搅拌器、柱塞及附属的电控箱组成。

3.4.4 冷却塔冷却水量和冷却水补水水量的计算

（1）冷却塔冷却水量的计算

冷却塔冷却水量可按下式计算：

$$W=Q/[C(t_{w1}-t_{w2})] \tag{3-48}$$

式中 Q——冷却塔排走的热量，kW。对于压缩式制冷机，取制冷机负荷的1.3倍左右；对于吸收式制冷机，取制冷机负荷的2.5倍左右；

C——水的比热，常温时，C=4.1868kJ/(kg·℃)；

$t_{w1}-t_{w2}$——冷却塔的进出水温度差，℃。压缩式制冷机取4～5℃；吸收式制冷机取6～9℃。

（2）冷却水泵扬程的确定

冷却水泵所需扬程可按下式计算：

$$H_p=H_f+H_d+H_m+H_s+H_o \tag{3-49}$$

式中 H_f——冷却水管路系统总的摩擦阻力，mH_2O；

H_d——冷却水管路系统总的局部阻力，mH_2O；

H_m——冷凝器阻力，mH_2O；

H_s——冷却塔中水的提升高度(从冷却塔盛水池到喷嘴的高差)，mH_2O；

H_o——冷却塔喷嘴喷雾压力，约等于 $5mH_2O$。

(3) 冷却水补充水量的计算

在开式机械通风冷却水循环系统中，各种水量损失的总和即是系统必需的补充水量。通常情况下，空调工程用冷却水循环水量占全厂总用水量的分量较大。因此，在设计中，如何考虑减少各种损失是很有必要的。

冷却水循环系统的水量损失主要包括蒸发损失、飘逸损失、排污损失、正常情况下循环泵的轴封漏水和个别阀门、设备密封不严引起的渗漏以及当设备停止运转时冷却水外溢损失等。

冷却水补水量常按循环水量的百分率即补水率确定。一般采用低噪声的逆流式冷却塔，使用在离心式冷水机组的补水率约为循环水量的1.53%，对溴化锂吸收式制冷机补水率约为2.08%。如果概算，制冷系统冷却水补水率为2%～3%。

3.4.5 循环冷却水水质处理

对补充水的水质应根据要求，区别情况。可由全厂统一供应自来水或软化水，也可以在站内单独设置水处理装置。如果用户使用不合格的冷却水，就会因污垢的积聚使制冷机制冷量下降，功耗增加，甚至由于冷凝压力过高而不能运行，另外，还会产生腐蚀而缩短制冷机的使用寿命。

冷却水水质处理的主要措施有以下几个方面：

(1) 阻垢措施

对于结垢型的循环冷却水常用的阻垢方法有排污法、酸化法、软化法及投加阻垢剂等。排污法适用于水质的碳酸盐硬度较低且水量少或水源丰富的地区；当补充水的碳酸盐硬度较大时，可采用加酸措施，控制 pH 值在7.2～7.8范围内；软化法可采用离子交换软化与加药沉淀软化。

(2) 腐蚀控制

对腐蚀性循环冷却水可采用阻垢缓蚀剂进行处理，以达到缓蚀阻垢的目的。

(3) 微生物污染的控制

在冷却塔和水池里会存在大量的微生物，如细菌、真菌和藻类等，其危害性很大。因此，应对冷却水进行杀菌、灭藻处理。微生物污染控制的主要途径有防晒、旁滤、前处理和投加杀虫剂等。防晒法是在开式水池上部加盖，避免阳光照射；旁滤法是部分水经过旁滤池过滤，除去浊类、藻类；前处理是在补给水前进行处理，除去悬浮物和部分浮游生物及细菌；另外，还可向水中投加杀虫剂，杀灭各种微生物。杀虫剂的种类很多，常用的杀虫剂主要有氧化型和非氧化型两大类。在循环冷却水杀菌灭藻处理中，用得较多的是液氯、次氯酸钠和二氧化氯。

制冷机组的冷却水系统和冷水系统相同，为防止杂物混入，在冷却水系统中必须加装水过滤器。

3.4.6 冷却水系统的计算

空调冷却水系统是整个空调系统的重要组成部分，它以水作为冷却剂将冷凝器、吸收器、压缩机放出的热量转移到冷却设备(冷却塔、冷却水池等)，最后放入大气中。所以，冷却水系统的优劣直接关系到整个空调系统的安全性和经济性。而空调冷却水系统的水力计算是冷却水系统正确设计和优化运行的基础。

空调冷却水系统水力计算的任务是根据冷却水流量，选择适宜的冷却水流速，然后，进行管道沿程阻力和局部阻力的计算，确定冷却水泵的扬程和流量。而沿程阻力和局部阻力的计算均与水的运动黏度、密度，即水的温度有关。在活塞式、离心式等以电为动力的制冷机中，通常要求冷却水进入制冷机的温度不高于32℃，从制冷机出来的温度为37℃，即冷却水平均温度为34.5℃；在溴化锂吸收式制冷机中，一般要求冷却水进入制冷机的温度不高于32℃，从制冷机出来的温度为37.5℃或38℃，即平均温度近似为35℃。因此，编制冷却水温度为35℃的水力计算表，供空调设计人员使用很有必要。

冷却水在沿管道流动时，由于流体分子间及其管道壁间的摩擦，就要损失能量即产生沿程阻力损失；而当流体流过管道附件如弯头、阀门、三通等时，由于流动方向及速度的改变产生局部漩涡和撞击，也要损失能量即产生局部阻力损失。

冷却水管道的沿程阻力损失可用下列公式计算：

$$H_f = RL \tag{3-50}$$

式中 H_f——沿程(摩擦)阻力损失，Pa；

R——沿程比摩阻，Pa/m；

L——管段长度，m。

冷却水管道的沿程比摩阻可由下列公式求出：

$$R = (\lambda \rho V^2)/(2d) \tag{3-51}$$

式中 d——管道内径，m；

V——水流速度，m/s；

ρ——冷却水的密度，kg/m^3；

λ——沿程阻力系数。

上式中沿程阻力系数与冷却水的流态有关。由于在冷却水系统中，一般管径较大，流速较高，故雷诺数一般都超过2320(临界雷诺数)。下表3-2列出了作者计算出的不同管径的雷诺数。从表中可以看出，在空调冷却水系统中，水流状态均处于紊流。

不同管径的雷诺数 **表 3-2**

公称直径(mm)	内径(mm)	流速(m/s)	雷诺数
50	53	0.8	72903
70	68	0.8	93536
80	80.5	0.8	110730
100	106	0.8	145810
125	131	0.8	180194
150	156	0.8	214582
200	207	0.8	284734
250	239	0.8	328751
300	309	0.8	425038
350	359	0.8	493815
400	408	0.8	561216

在紊流状态下，沿程阻力系数可利用下式求出：

$$\lambda=0.11(k/d+68/Re)^{0.25} \tag{3-52}$$

式中 k——管壁的绝对粗糙度，m；

Re——雷诺数，判别流体流动状态的准则数（当 $Re<2320$ 时，流动为层流流动；当 $Re>2320$ 时，流动为紊流流动）。

作者利用上述公式，按照冷却水温度为 35℃，水的密度为 994.1kg/m³，运动黏度为 0.727×10^{-6}m²/s，管壁绝对粗糙度为 0.5mm，计算出了不同冷却水流量、不同管径、不同流速的沿程比摩阻，详见表 3-3。

35℃ 冷却水系统水力计算表 **表 3-3**

流速(m/s)	系数	公称直径										
		*DN*50	*DN*70	*DN*80	*DN*100	*DN*125	*DN*150	*DN*200	*DN*250	*DN*300	*DN*350	*DN*400
0.8	*G*	635	1046	1466	2542	3882	5505	9692	14920	21597	29152	37653
	R	21067	15428	12494	8858	6798	5464	3837	2928	2325	1928	1647
0.9	*G*	715	1177	1649	2859	4367	6193	10904	16807	24297	32796	42360
	R	26663	19526	15813	11210	8603	6916	4856	3705	2943	2440	2079
1.0	*G*	794	1307	1832	3177	4852	6881	12115	18675	26997	36440	47067
	R	32918	24107	19522	13840	10621	8538	5995	4575	3633	3012	2567
1.1	G	874	1438	2015	3495	5337	7569	13327	20542	29696	40084	51773
	R	39830	29269	23622	16747	12852	10331	7254	5535	4397	3645	3106
1.2	*G*	953	1569	2199	3812	5823	8257	14538	22500.	32396	43728	56480
	R	47401	24713	28112	19930	15295	12295	8633	6587	5232	4338	3697
1.3	*G*	1032	1700	2382	4130	6308	8945	15750	24277	35096	47372	61187
	R	55631	40740	32994	23390	17950	14430	10132	7731	6141	5091	4338
1.4	*G*	1112	1830	2565	4448	6793	9633	16961	26145	37795	51016	65893
	R	64518	47249	38263	27127	20818	16735	11751	8966	7122	5904	5032
1.5	*G*	1191	1961	2748	4765	7278	10321	18173	28012	40495	54660	70600
	R	74064	54240	43925	31140	23898	19211	13489	10293	8176	6778	5776
1.6	*G*	1271	2092	2932	5083	7763	11009	19384	29880	43196	58304	75309
	R	84269	61713	49917	35431	27191	21858	15348	11711	9302	7716	6572
1.7	*G*	1351	2223	3115	5401	8249	11697	20596	31747	45894	61948	80013
	R	95132	69668	56419	39998	30696	24675	17326	13221	10501	8706	7419
1.8	*G*	1430	2353	8298	5718	8734	12386	21807	33615	45894	65592	84720
	R	106653	78105	63252	44842	34413	27664	19425	14822	11773	9760	8317
1.9	*G*	1509	2484	3481	6036	9219	13074	23019	35482	51294	69236	89427
	R	118832	87025	70475	49963	38343	30823	21643	16514	13117	10875	9267
2.0	*G*	1588	2615	3664	6354	9704	13762	24231	37933	53993	72881	94133
	R	131670	96426	78089	55360	42486	34153	23981	18122	14534	12049	10269

续表

流速(m/s)	系数	公称直径										
		*DN*50	*DN*70	*DN*80	*DN*100	*DN*125	*DN*150	*DN*200	*DN*250	*DN*300	*DN*350	*DN*400
2.1	*G*	1749	2876	4031	6989	10675	15138	26654	59393	56393	80169	103547
	R	174134	127524	103272	73214	56187	45167	31715	23966	19221	15935	13580
2.2	*G*	1749	2876	4031	6989	10675	15138	26654	59393	69393	80169	103547
	R	159321	116676	94487	66986	51408	41325	29017	17586	19526	14580	12425
2.3	*G*	1827	3007	4214	7307	11660	15826	27865	43623	62092	83813	108253
	R	174134	127524	103272	73214	56187	45167	31715	23966	19221	15935	13580
2.4	*G*	1906	3138	4581	7625	11645	16514	29077	45520	64792	87457	112960
	R	189605	138854	112447	79719	61179	49180	31533	26096	20929	17351	14787
2.5	*G*	1986	3269	4584	7942	12130	17202	30288	47413	67492	91101	117667
	R	205734	150666	122013	86501	66384	53364	37470	28315	22709	18827	16044
2.6	*G*	2065	3399	4764	8260	12616	17890	31500	49313	70191	94745	122373
	R	222522	162960	131970	93559	71801	57718	40528	30626	24562	20363	17354
2.7	*G*	2144	3530	4947	8578	13101	18578	32711	51210	72891	98389	127080
	R	239969	175737	142316	100894	77430	62243	43706	33027	26488	21960	18714
2.8	*G*	2224	3661	5130	8895	13586	19266	33923	53107	75591	102033	131786
	R	258073	188996	153053	108506	83272	66939	4703	35519	28487	23617	20126
2.9	*G*	2303	3791	5314	9213	14071	19954	35134	55003	78290	105677	136493
	R	276836	202736	164181	116395	89326	71806	50420	38102	30558	25334	21590
3.0	*G*	2883	3922	5497	9531	14556	20643	36346	56900	80990	109321	141200
	R	296857	216959	175699	124561	95593	76844	53957	40775	32701	27111	23104

注：*G*——流量($10^{-2}m^3/h$)；*R*——比摩阻($10^{-2}Pa/m$)

3.5 冷却塔研究的方向

当前，国内外冷却塔研究的方向是优化内部结构，减小阻力，提高冷却效率；改进运行模式，降低运行费用；采取有效措施，提高冷却水的水质。

传统逆流式冷却塔、横流式冷却塔、喷射式冷却塔、流力冷却塔在空调系统中得到了广泛应用，发挥了积极作用。但作者在调研了淄博第六棉纺厂、济南东方大厦、济南半导体总厂、济南平阴热电厂等单位的空调冷却水系统后发现，上述冷却塔有一个共同的特点，那就是冷却水系统与大气相通。这样，会带来一系列的问题：

(1) 水质易污染

空气中的污染物如尘土、残枝废物、昆虫、树叶败草等随时都有可能进入循环水冷却系统生成黏泥。黏泥是由微生物群体及其分泌物所形成的胶黏状物。好氧性荚膜细菌能够在细菌周围产生荚膜，可以分泌由多糖和多肽炭物质所组成的黏性外壳。荚膜能保护细胞并能黏结营养物。细菌的这种黏性外壳使它具有特殊的黏结作用，既具有内聚性，又具有黏着性。内聚性是指微生物之间有互相聚合在一起的能力，使微生物容易黏结在一起。黏着性是指黏泥能够黏附水中的各种黏附物质，连成片的黏泥和金属表面具有极强的牢固的结合能力。因此，黏泥极易附着在设备及管道上，形成大量沉淀物。

污垢的组成包括水垢、黏泥、腐蚀产物、悬浮物等。黏泥为污垢的一部分，是由微生物形成的软垢。黏泥的外表有黏性，较典型的是一种鼻涕状的黏液，手摸有滑腻感。实际上，冷却水系统中的沉积物不会是单一的微生物黏泥，而是含有其他污垢成分的。习惯上所说的黏泥是指在冷却塔、冷凝器、吸收器、管道上沉积的胶黏状软泥，其组成以微生物黏泥为主，也含有一部分悬浮物、水垢、腐蚀产物等。

水垢和黏泥所形成的过程可分为盐的结晶、聚合和沉积三步。水中难溶盐的浓度达到过饱和时，不一定立即沉积在设备上，而是先在水中形成细小的悬浮晶粒。水中的胶体物质、微生物黏泥、悬浮物、腐蚀产物等能起架桥、絮凝作用使晶粒长大，在重力的作用下沉降到设备上，并黏附成垢。由于微生物黏泥的黏着性能起了黏合剂的作用，促进了污垢沉积，所以，微生物数量高的水，也更易形成污垢。

冷却水系统中黏泥的生成，轻者，降低冷凝器、吸收器的传热效果，降低传输能力；重者，产生水流堵塞现象，甚至发生事故。据测算，在溴化锂吸收式制冷机中，冷凝器传热管壁泥垢增加 1mm，制冷机的制冷量将下降 20%。据 Charakils 测定，一根长 80km、直径 600mm 的管线，因积有 0.6mm 的泥垢，其输配能力降低 55%。上海某厂有一台制冷机，几十根换热管中有 60%被泥垢全部堵塞，其余大部被堵塞，流通面积缩小到原来的 20%。

(2) 易滋生军团菌

1976 年美国退伍军人协会在费城一家旅馆举行年会，会后一个多月，与会代表中有 221 人得了一种酷似肺炎的怪病，其中 34 人相继死亡，死亡率达 15%，震惊医学界。直到 1977 年美国疾病控制中心(Centers for Disease Control)研究证实，引起那次事件的是一种以前未曾发现过的细菌，后被命名为军团菌(Legionella Bacteria)，而因为感染了军团菌而得的疾病称为军团病(Legionella Disease)。后来，大量的研究调查结果表明，军团菌普遍存在于工厂、宾馆、医院、大型公共设施以及各类建筑物内的循环冷却水系统中。在冷却水系统的水体中，一旦被军团菌污染，并在合适的条件下形成气溶胶在空气中散发而进入人体的呼吸系统，就可能引起军团病甚至导致军团病的爆发流行。此后的二十多年里，军团病的报道屡见不鲜。到目前为止，军团菌属已被分离出 50 种以上的血清型，约 80% 的军团病由嗜肺军团菌(Legionella Pneumophila)感染引起的。而令人感到可怕的是，由于对军团病的确诊需要繁琐的检测过程，导致军团病的死亡率一直很高。以美国为例，每年发生 800～1800 例军团病。其中，大约 20%左右的病例是发生在军团病爆发期间的，而在爆发期间的军团病死亡率达 40%。而且，一些新的军团菌种还在不断被发现。由此可见，军团菌已经成为危害人们健康的一大因素。

在我国，军团菌的污染状况也不容乐观。1997～1999 年，北京市抽查了 14 家四星级、五星级大酒店中央空调系统的 38 个冷却塔，结果表明，中央空调冷却塔的军团菌污染率为 85.7%；饭店健康工作人员军团菌感染的阳性率为 9.9%，从事非饭店行业的健康人群的阳性率也达 3.5%。而上海的情况是，自 1994 年首次发现该病病例后，几年内又从病人及环境中检验出近 60 多株军团菌，尤其在公众环境中，如地铁站、影院、医院、宾馆、百货商场、办公楼的中央空调冷却水系统中都检验出了军团菌。

军团菌为革兰氏阴性菌，能够生长在水温 20～50℃（最佳生长温度为 35～46℃），pH=2.0～9.5 的水体中。一般，军团菌污染严重的管道或构筑物有一些共同的特点：水流缓慢甚至停滞，与水流接触的表面结有水垢或是一些盐类的沉积物，水体中存在原生动物或变形虫等后生动物，或者管道和构筑物表面存在生物膜等。中央空调系统冷却水的环境有利于构成复杂的微生物群落，从而为微生物的生长创造良好条件。具体地说就是，水流缓慢或停滞，容易在设备表面结垢、沉积固体物质或产生腐蚀，这些水垢、锈斑以及沉淀物可以作为水中各种微生物的食物和营养物质，也可以和微生物分泌的黏液共同组成生物膜。生物膜可以为变形虫、原生动物和军团菌提供良好的生存环境，抵御恶劣的环境条件，对微生物具有保护作用。另外，军团菌常常寄生在变形虫和原生动物体内。所以，水体或生物膜中存在一定量的变形虫和原生动物，也有助于军团菌的生长繁殖。可见，适宜的环境条件，复杂的微生物群落的存在，为军团菌生长提供了足够的营养物以及一定的保护作用。而中央空调冷却水系统内的水环境最适宜军团菌的生长，往往成为滋生军团菌以及引起军团病爆发的主要场所。

(3) 设备腐蚀速度加快

在冷却水系统中，补给水一般未经软化处理，在冷却塔中蒸发的那部分水的盐分将滞留在冷却水系统中，所以，随着蒸发过程的进行，循环冷却水的溶解盐类不断浓缩，故而水的硬度不断增高。此外还有水中溶解氧的作用，使金属管道结垢、腐蚀。当循环水的冷却塔上被藻类占居之后，就能迅速形成一层绿色的覆盖物，这一层覆盖物大部分是由藻类的一些丝状种类构成。它们能够利用水和二氧化碳进行光合作用，制造出光合作用的产物——碳水化合物来，同时，释放出大量的氧气。这些氧气连同大气中进入冷却水的氧气一并对管道和设备造成氧腐蚀。另外，附着的黏泥还使化学处理药剂与设备隔绝，使缓蚀剂发挥不了作用。黏泥下面的某些特殊细菌在代谢过程中产生的酸性物质等还会直接对金属造成腐蚀。但黏泥附着的最严重危害还在于因垢下缺氧而产生的电化学腐蚀，即垢下腐蚀。有时黏泥形成的速度很快并附着在冷凝器、吸收器的表面上，往往在几个月内就可能使碳钢因垢下腐蚀造成局部腐蚀穿孔。

微生物腐蚀是一种特殊类型的局部腐蚀，往往总是和电化学腐蚀同时发生。黏泥造成的垢下腐蚀是各类微生物包括细菌、真菌、藻类等作用的结果，是微生物与水中各种污垢共同作用的结果。这类腐蚀的特点是高度集中于局部部位，而且在垢下有不同深度的点蚀痕迹。黏泥附着后，代谢作用引起的氧或其他化合物的消耗，会在金属的局部部位形成浓差电池，促进了垢下腐蚀。某些代谢作用会影响水的酸度及腐蚀电位，并使氧浓度增减，某些化学物质如硝酸盐、亚硝酸盐、硫化物、硫酸盐等含量变化，化学环境的变化也给金属带来不同程度的腐蚀，缩短设备和管道的寿命。

从上述分析可见，研制一种既能降低水的温度，又能保持水质纯净的冷却塔，是节约用水、节省能源、保护环境、造福人类的一项重要措施。

建国以后，特别是改革开放以来，我国循环冷却水技术得到了迅速发展，设计水平的不断提高，正是在长期设计实践工作中，各设计部门联合科研、生产部门，结合工程的实际需要，不断开发，认真推广应用先进技术的结果。例如，冷却塔的淋水填料、除水器及配水喷头的形式和材料的不断创新，冷却塔使用的轴流风机的改进和发展，水面冷却温差异重流理论与应用以及重叠差位式取排水口工程措施的研究和应用等等。

随着我国经济的发展和人民生活水平的提高，冷却水用量将大量增加。由于水资源的限制，冷却水的循环使用必将日益发展。为了使设计的冷却塔安全、经济、高效、实用，必须坚持在不断总结生产实践经验和科学实验的基础上，积极开发和认真采用先进技术这一原则。

为了克服传统冷却塔中冷却水与空气直接接触，进而冷却水被污染的缺点，本课题致力于研究一种新型冷却塔——空调用封闭式冷却塔。在这种新型冷却塔中，冷却水始终在冷却盘管内流动放热，不与外界接触，这样就从根本上隔离了水的污染源，能有效地保持冷却水水质纯净。

第4章 空调用冷却塔室外气象条件的确定

空调用冷却塔一般均安放在室外，室外大气的干球温度、湿球温度等气象参数均对冷却塔的性能产生影响。因此，室外气象参数既是冷却塔设计的基础，又是冷却塔优化运行的环境条件。所以，本章首先讨论空调用冷却塔室外气象条件的确定原则。

4.1 水的冷却极限

假设要冷却一定容积的水，水的自由表面受到含有水蒸气但不饱和的流动空气的吹拂。水层很薄，注水层内的温度变化可以忽略不计，而空气的流量很大，以致可以不考虑在流过液面时空气状态的变化。此外，假定辐射热交换可以略去不计，且无任何其他外界热源或水源进入。

假定最初水温 T 高于空气温度 t，由于蒸发及对流散热，水温开始下降。经过一定的时间，水温 T 将达到与空气温度 t 相等，而对流传递的热量逐渐趋于零。但此时蒸发并未停止，因为空气中的水蒸气尚未达到饱和状态，空气的水蒸气分压为 P_V 将比液面上的水蒸气压力 P''_V低得多。

蒸发使水温不断降低，以致渐渐低于空气温度。因此，通过对流，水又开始从空气中吸收热量。水的继续冷却将由蒸发所消耗的热量与借助对流所吸收的热量之差来决定。水的蒸发随着水温下降而变慢，蒸发所消耗的热量也随之减少。当达到一定的水温时（$T=\tau$），处于平衡状态。在热量彼此达到平衡以前，水从空气中吸收的热量将不断增加。若达到平衡时，水的冷却将停止，但此时水的蒸发以及热量由空气进入水的过程仍将继续进行。水借助从空气中吸取热量而蒸发的过程将延续到水不发生蒸发时为止。

温度 τ 也有一个极限，如低于该极限，在所研究的条件下，水的冷却就不可能进行。从上述分析可以看出，当满足了公式(4-1)的条件时，就达到了一定情况下的冷却极限。

$$\alpha(t-\tau)F=r\cdot K_p\cdot(P''_V-P_V)F \tag{4-1}$$

在蒸发过程中传给水的全部热量都被消耗在水的蒸发上，这部分热量又由水蒸气重新带入空气中，这种蒸发过程称为绝热蒸发，温度 τ 即为湿球温度。

从理论上分析，水温可以降到湿球温度，但实际上达不到。要使水温降到湿球温度，冷却塔要无限大，空气与水接触的时间要无限长，这显然是不可能的。目前在冷却塔的设计中，一般是使冷却后的水温比湿球温度高 3～5℃。

4.2 气象参数的变化规律

从前面的分析中可以看出，湿球温度是冷却塔设计的基础，而室外的湿球温度不是一成不变的，而是随机变化的。

4.2.1 气象参数实测值

空气的湿球温度与空气的含湿量、干球温度有关，而空气的含湿量又与海拔高度、地面水蒸发情况、风向、风速等很多因素有关。下面重点分析一下干球温度的日变化情况。干球温度日变化是由于地球每天接受太阳辐射热和放出的热量而形成的。在白天，地球吸收太阳辐射热，使靠近地面的空气温度升高；到夜晚，地面得不到太阳辐射热，还要由地面向大气层放散热量。黎明前为地面放热的最后阶段，故干球温度一般在凌晨四、五点钟最低，随着太阳的升起，地面获得的太阳辐射热逐渐增多，到下午两、三点钟左右，达到全天的最高值。此后，干球温度又随太阳辐射热的减少而下降，到下一个凌晨，气温又达到最低值。显然，干球温度是以24h为周期而变化的。湿球温度的变化规律与干球温度的变化规律相似，只是峰值出现的时间不同。图4-1是北京地区1975年夏季最热一天的干球温度、湿球温度、相对湿度日变化曲线；图4-2是1985年7月20日济南地区的湿球温度变化曲线；表4-1列出了1993年上海地区湿球温度实测逐时值；表4-2为山东省主要城市1999年干球温度月平均值；表4-3是山东省主要城市1996年日照时间月平均值。

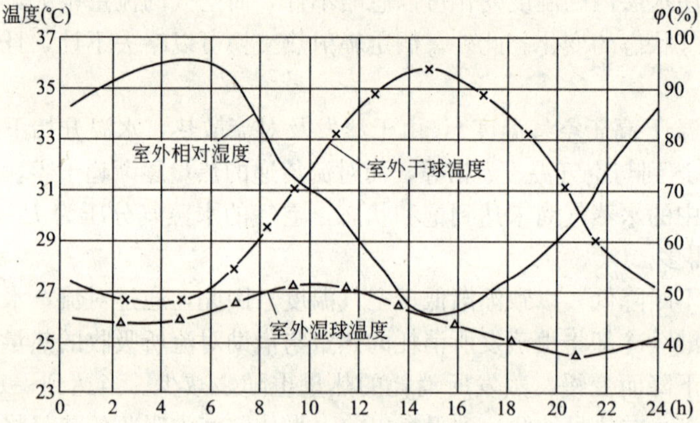

图4-1 气象参数日变化曲线

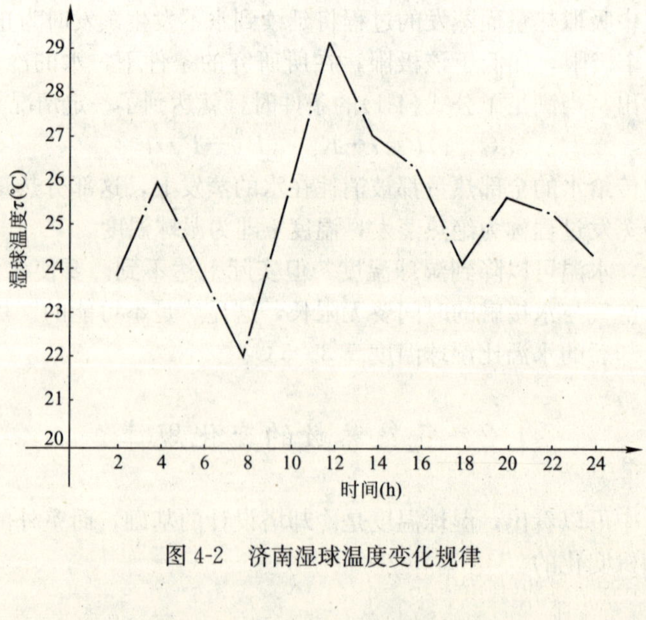

图4-2 济南湿球温度变化规律

上海市实测空气湿球温度(℃) 表 4-1

日期	时刻											
	1	2	3	4	5	6	7	8	9	10	11	12
7月20日	21.0	21.3	21.4	21.5	21.8	21.3	21.4	21.1	22.2	21.8	21.5	21.8
7月27日	22.1	21.9	21.9	21.8	21.8	22.0	23.0	23.1	22.4	22.1	22.2	22.1
8月2日	28.4	26.4	28.2	26.3	28.3	28.5	28.7	27.0	28.7	28.7	28.4	28.9
8月9日	20.5	20.4	20.9	20.5	20.5	20.5	20.8	21.1	18.9	18.5	20.1	19.9
8月24日	27.7	27.7	27.0	27.0	27.5	27.8	28.3	28.8	27.5	24.6	25.0	27.0
9月14日	25.2	25.2	25.2	25.2	25.1	25.2	25.8	25.8	24.8	25.0	25.8	25.8
日期	时刻											
	13	14	15	16	17	18	19	20	21	22	23	24
7月20日	22.7	22.4	20.7	22.3	21.2	21.4	21.0	20.9	20.9	20.9	20.9	21.0
7月27日	23.2	23.0	23.0	22.9	22.0	22.7	21.9	22.1	21.9	21.9	22.0	20.2
8月2日	29.0	28.3	28.1	25.7	26.2	26.5	26.8	27.2	27.8	28.8	28.8	28.5
8月9日	20.0	19.4	21.1	20.8	20.8	20.8	20.4	20.5	20.8	20.4	20.4	20.5
8月24日	27.3	28.0	28.1	28.4	28.4	28.3	28.3	28.2	28.4	28.3	28.1	27.8
9月14日	25.8	25.8	25.8	26.0	25.0	25.3	25.6	25.6	25.6	25.3	25.4	25.3

山东省主要城市干球温度(℃) 表 4-2

城市	1月	2月	3月	4月	5月	6月	7月	8月	9月	10月	11月	12月
济南	1.7	4.8	8.0	16.9	21.8	26.1	26.6	25.6	23.4	15.4	8.6	2.8
青岛	2.1	3.8	6.4	11.9	17.5	20.8	24.7	25.6	23.0	16.5	9.6	3.6
淄博	1.2	4.3	8.2	16.5	21.6	26.8	27.7	26.7	23.7	15.7	8.6	2.8
枣庄	2.2	5.0	8.2	15.7	21.1	25.0	26.5	26.1	23.7	15.5	8.5	2.9
东营	−0.2	2.8	6.4	14.7	19.7	25.2	27.5	26.3	23.0	14.9	7.5	1.4
烟台	1.5	2.8	5.8	12.7	18.2	23.3	25.7	25.5	23.1	15.8	9.1	2.8
威海	1.3	2.4	5.5	12.1	17.7	23.0	25.6	25.4	22.8	15.5	8.9	2.7
潍坊	−1.7	1.4	6.3	13.7	18.8	23.7	26.3	25.1	21.8	14.0	6.2	−0.5
济宁	1.8	5.0	8.6	16.3	21.6	26.0	27.4	26.2	23.4	15.4	8.5	2.4
泰安	0.0	3.0	7.6	15.2	20.2	24.5	26.1	25.4	22.6	14.1	6.7	1.0
日照	1.4	3.5	6.4	12.7	18.3	21.3	25.0	24.9	22.6	15.5	8.8	2.9
莱芜	0.3	3.2	7.2	15.5	20.7	24.5	25.9	25.2	22.0	14.2	6.9	1.0
滨州	−0.9	2.2	6.2	14.7	19.5	25.4	26.9	25.6	22.4	14.0	6.4	0.4
德州	−1.3	2.3	6.5	14.4	20.4	26.0	27.7	25.9	23.3	14.9	7.6	1.6
聊城	0.2	3.6	7.4	15.4	20.3	25.1	26.8	25.5	22.6	14.5	7.3	1.0
临沂	0.7	3.7	7.1	14.5	20.1	23.7	26.1	25.3	22.5	14.9	8.0	1.9
菏泽	1.6	4.9	8.2	16.2	21.0	25.6	27.2	26.0	22.6	14.7	8.5	2.1

山东省主要城市日照时间(h)　　表 4-3

城市	1月	2月	3月	4月	5月	6月	7月	8月	9月	10月	11月	12月
济南	180.1	145.4	205.0	178.8	184.3	284.9	207.0	138.8	167.5	213.0	170.2	138.0
青岛	172.3	147.8	205.9	170.7	199.2	277.4	147.1	116.1	203.6	204.5	180.9	147.8
淄博	199.9	169.5	231.3	195.9	219.4	304.8	213.4	151.1	186.5	213.8	177.1	153.3
枣庄	165.8	124.9	204.0	129.0	166.2	241.6	136.9	85.5	144.0	141.8	155.9	114.1
东营	189.5	239.0	215.3	241.9	288.2	212.6	170.5	212.4	230.2	180.3	176.6	195.6
烟台	173.7	184.1	232.1	216.6	245.2	292.1	203.7	199.2	249.6	249.1	211.2	168.1
威海	189.6	234.5	221.6	259.3	315.6	215.8	184.2	273.2	273.0	228.5	174.6	193.4
潍坊	193.1	180.8	224.0	193.7	206.0	296.8	184.4	103.1	165.5	194.3	169.6	151.0
济宁	185.9	176.8	212.5	147.1	186.1	258.6	220.8	138.8	137.6	158.4	170.8	128.1
泰安	193.9	171.0	216.1	183.1	194.0	302.9	196.3	121.5	179.3	196.4	183.8	142.6
日照	213.3	175.6	209.6	181.4	216.2	298.1	176.3	177.3	259.0	222.6	217.2	167.9
莱芜	177.9	144.5	199.5	175.6	182.2	264.5	191.1	148.2	182.2	196.5	188.5	142.8
滨州	192.5	177.2	230.5	209.6	203.6	300.8	212.1	157.6	186.7	230.4	192.4	169.5
德州	183.8	136.3	218.1	196.2	184.6	271.9	165.0	82.3	172.8	218.7	185.0	158.4
聊城	17.05	146.4	201.5	168.8	195.2	282.9	194.7	128.1	143.0	188.5	162.3	119.7
临沂	184.1	133.2	210.6	167.9	202.2	281.0	183.5	137.4	188.6	158.1	162.4	134.2
菏泽	172.1	139.6	213.2	147.7	193.5	267.1	230.4	141.9	141.3	139.3	184.9	111.5

4.2.2　湿球温度计算公式

对于夏季空调室外设计日逐时湿球温度可用式(4-2)计算。

$$\tau=(t_s-A)+\frac{2}{S}\cdot\frac{B'}{B}\cdot(t-t_p)\cdot\cos(15h-135) \tag{4-2}$$

式中　t_s——夏季空调室外计算湿球温度,℃；

B'——当地大气压，Pa；

S——修正系数；

t_p——夏季空调室外日平均温度,℃；

h——计算时刻，$h=1,\ 2,\ \cdots\cdots 24$；

A——常数，$A=\frac{2B'}{SB}(t-t_p)$。

对于每一年来说，室外空气的湿球温度也是呈周期性变化的，夏季(6、7、8月)室外空气湿球温度最高，冬季(12、1、2月)室外空气湿球温度最低。

4.3　空调用冷却塔室外气象条件的确定

空调用冷却塔室外气象条件的确定既要考虑到系统运行的可靠性，又要考虑到系统运行的经济性。若采用最高的干湿球温度，显然是不适宜的，因为一年之中，这种情况不仅出现的天数少，而且持续的时间也很短。在冷凝器热负荷不变的情况下，空气的干球温度和湿球温度越高，要求冷却塔的尺寸也就越大，造价也随之增加。反之，若空气的干球温度和湿球温度选用过低，则在夏季冷却塔的出口水温将长期超过所要求的温度，这样将会引起制冷机运行条件的恶化，长期超负荷运行，导致冷凝温度升高，制冷量下降，甚至影响制冷机的寿命。因此，恰当地确定空调用冷却塔室外气象条件是十分重要的。

4.3.1 温频统计及确定原则

空调用冷却塔室外空气的干球温度和湿球温度，应根据空调系统的特点，按一定频率来确定。为了使确定的室外空气干球温度、湿球温度具有代表性，作者以山东省气象局1981～1985年中最炎热时期(6、7、8月)每天实测干球温度、湿球温度为基础，进行了分析研究。首先利用每天4次(2：00、8：00、14：00、20：00)实测的干球温度、湿球温度，计算出日平均干球温度、日平均湿球温度，然后按温度区间分组，找出中心温度，再统计出每年在各区间内温度值出现的频数 m_i 及累积频数，最后计算各组频率 f_i 及累积频率。频率等于每组频数 m_i 除以总频数 Σm_i，即：

$$f_i=\frac{m_i}{\Sigma m_i} \tag{4-3}$$

计算结果见表4-4、表4-5。

济南地区干球温度频率统计 **表4-4**

组次	温度区间(℃)	中心温度(℃)	频数 m_i					累积频数	累积频率(%)
			1981	1982	1983	1984	1985		
1	33～34	33.5			1			1	0.2
2	32～33	32.5	1		3	1	1	7	1.5
3	31～32	31.5	5		2	1	3	18	3.9
4	30～31	30.5	13	5	7	4	7	54	11.7
5	29～30	29.5	7	11	8	8	13	101	22.0
6	28～29	28.5	12	12	16	8	20	169	36.7
7	27～28	27.5	17	9	14	11	11	231	55.2
8	26～27	26.5	10	15	10	15	12	293	63.7
9	25～26	25.5	9	11	10	15	12	293	63.7
10	24～25	24.5	5	15	12	17	5	393	85.4
11	23～24	23.5	5	7	6	8	5	424	92.2
12	22～23	22.5	2	2	3	3	7	441	95.9
13	21～22	21.5	2	5		6	1	455	98.9
14	20～21	20.5	2				1	458	99.6
15	19～20	19.5	1					459	99.8
16	18～19	18.5	1					460	100

济南地区湿球温度频率统计　　**表 4-5**

组次	温度区间(℃)	中心温度(℃)	频数 m_i					累积频数	累积频率(%)
			1981	1982	1983	1984	1985		
1	26～27	26.5	11		3	3	1	18	3.9
2	25～26	25.5	7	7	11	7	11	61	13.3
3	24～25	24.5	11	8	6	9	16	111	24.1
4	23～24	23.5	8	13	5	17	18	172	37.4
5	22～23	22.5	16	11	12	11	9	231	50.2
6	21～22	21.5	9	12	16	8	8	298	64.8
7	20～21	20.5	6	16	15	6	8	354	77.0
8	19～20	19.5	10	11	10	2	5	401	87.2
9	18～19	18.5	5	8	1		3	431	93.7
10	17～18	17.5	3	1	1		1	441	95.9
11	16～17	16.5	2	3	4			451	98.0
12	15～16	15.5	2	2	1			456	99.1
13	14～15	14.5	1		2			459	99.8
14	13～14	13.5	1					460	100

由表 4-4、表 4-5 可见，随着干湿球温度的升高，出现的频率逐渐减少。作为空调用冷却塔来说，应使所选择的干湿球温度既能在一年大部分时间内保证制冷机正常运行，又尽可能地缩小冷却塔的容量，降低其成本。

下面首先介绍工业用冷却塔室外气象条件确定的方法。

冷却塔热力计算中采用的气象条件由空气的干球温度、湿球温度(或相对湿度)和大气压力各参数组成。用于计算的空气温度和湿度越高，为达到工艺允许的最高冷却水温所需要的冷却塔尺寸就越大。但是空气的高温度和高湿度的持续时间是短暂的。如果采用能观测到的最高温度和湿度进行计算，虽然能满足工艺要求，但使冷却塔的尺寸增大，投资增加，经济效益不一定好。如果用于计算的空气温度和湿度较低，虽然冷却塔尺寸可以减小，但又可能导致在炎热季节，冷却水温度高于工艺允许的最高水温，使工艺过程受到破坏，造成不同程度的损失，因此，必须恰当地选用计算的气象条件。用这样的气象条件确定的冷却塔的尺寸，既能满足工艺过程在较长的时间内不受破坏，又能在常年运行中，得到较好的经济效益。

前苏联给水设计规范(1976 年版)规定：按工艺对冷却水温的要求程度将冷却水用户分为三类，并按表 4-6 选择设计保证率。

按冷却水温对生产工艺影响确定设计保证率　　**表 4-6**

类别	由于冷却水温超过而引起的破坏	设计保证率
1	生产工艺过程完全被破坏，其后果造成很大损失，空调系统被破坏	99%
2	个别装置的工艺过程和空调系统允许暂时破坏	95%
3	整个工艺过程和个别装置的经济性暂时降低	90%

美国冷却塔设计最高计算水温的气象条件是按夏季(6、7、8、9 月)湿球温度频率统计方法计算的频率为 2%～10%的小时气象条件，频率值由业主视工程条件选定。

英国冷却塔规范 BS-4485(1988 年版)规定：根据不同工艺过程的需要，选择历年炎热时期(一般以 4 个月计)频率为 1%～5%的小时湿球温度值作为设计气象条件。

我国《火力发电厂设计技术规程》(1994 年版)规定：冷却水的最高计算温度宜按历年最炎热时期(一般以 3 个月计)频率为 10%的日平均气象条件计算。

我国石油、化工和机械部门的设计单位以每年不超过 5 个最热天的日平均干湿球温度的多年平均值作为气象条件的最高计算值。若以 6、7、8 三个月计，则 5 个最热天略低于频率为 5%的统计值。

上述各部门的设计标准在我国已沿用多年，除电力设计部门曾对该标准是否得当进行过一些探讨外，其他工业部门没有提出过异议。我国《工业循环水冷却设计规范》(GB/T 50102—2003)规定：冷却塔的最高冷却水温不应超过生产工艺允许的最高值；计算冷却塔的最高冷却塔水温的气象条件应符合下列规定：

1) 根据生产工艺的要求，宜采用按湿球温度频率统计方法计算的频率为 5%～10%的日平均气象条件；

2) 气象资料用采用近期连续不少于 5 年，每年最热时期 3 个月(一般为 6、7、8 三个月)的日平均值；

3) 当产品或设备对冷却水温的要求极为严格或要求不高时，根据具体要求，也可适当提高或降低气象条件标准。

关于气象参数的频率统计方法，各设计单位常采用的方法可归纳为下列 5 种。

1) 干湿球温度频率统计法：将日平均干球温度及湿球温度分别统计，绘制频率曲线，从这两条曲线上查出相同频率的干、湿球温度数值作为设计计算值。

2) 干球温度和相对湿度频率曲线法：将日平均干球温度和相对湿度分别统计，绘制频率曲线，从两条曲线上查出相同频率的干球温度和相对湿度作为设计计算值。

3) 湿球温度频率曲线法：仅对日平均湿球温度进行统计，绘制频率曲线，查出设计频率下的湿球温度数值，并在原始资料中找出与此湿球温度相对应的干球温度、相对湿度和大气压力的日平均值。

4) 干球温度频率曲线法：对日平均干球温度进行统计，绘制频率曲线，查出设计频率下的干球温度值，并在原始资料中找出与此干球温度相对应的湿球温度、相对湿度和大气压力的日平均值。

5) 焓值频率曲线法：利用日平均干、湿球温度和大气压力计算出平均焓值，再用日平均焓值绘制频率曲线，查出设计频率的焓值，在原始资料数据中找出与此焓值相对应的日平均干球温度、相对湿度和大气压力。

第一、第二两种方法的弊病是将实际上不在同一频率下同时出现的一组数据作为同一频率下的设计计算值，结果造成实际设计频率偏高。据中南电力设计院对中南及华东地区的安阳、郑州、信阳、黄石、荆门、长沙、郴州、徐州、上海、淮南、宁波等 12 个城市 5 年中每年夏季 3 个月的气温资料统计结果，按这两种方法计算得出的频率为 10%的干、湿球温度的数值，在实际资料中出现这种数据的频率只有 6.5%。

在冷却塔内产生传热与传质共同过程的动力是水表面饱和湿空气与进入冷却塔的外界

湿空气的焓差。湿空气的焓主要取决于空气的湿球温度。从这一观点出发，显然第三种和第五种方法是合理的。根据东北电力设计院对东北地区的五常、长春、鞍山、赤峰4个城市5～10年的气象资料整理计算的结果，按这两种方法得出的频率为10%的有关参数，如表4-7所示。

不同统计方法的比较 **表4-7**

地　区	方　法	干球温度(℃)	相对湿度(%)	湿球温度(℃)	焓(kJ/kg)
五常(黑龙江)	第三种	24.4	85	22.3	67.323
	第五种	23.9	87	22.3	67.323
长春(吉林)	第三种	23..7	86	21.8	65.232
	第五种	24.7	79	21.8	65.232
鞍山(辽宁)	第三种	24.9	95	23.9	73.596
	第五种	25.5	91	24.3	74.014
赤峰(内蒙古)	第三种	26.7	59	20.4	62.306
	第五种	23.8	77	20.4	61.470

从表4-7可见，两种方法得到的湿球温度和焓值基本相同。采用第三种方法的优点是可以从各地气象台、站的原始记录数据中，直接录到湿球温度数据，较之第五种方法更简便。

对于第三种和第四种方法则以北京和上海两地的算例作一对比。取两市连续5年，每年6、7、8三个月共460天的各气象要素的日平均值分别进行统计，结果见表4-8和表4-9。

按湿球温度进行频率统计结果 **表4-8**

地点	频率	湿球温度(℃)	出现次数(次)	相对湿度(%)		大气压力(mmHg)	
				最　高	最　低	最　高	最　低
北京	10%	24.6	6	95	82	791	633
	5%	25.4	5	85	73	740	706
上海	10%	26.8	5	86	72	753	750
	5%	27.4	5	85	71	757	749

按干球温度进行频率统计结果 **表4-9**

地点	频率	干球温度(℃)	出现次数(次)	相对湿度(%)		大气压力(mmHg)	
				最　高	最　低	最　高	最　低
北京	10%	27.5	2	75	71	779	778
	5%	28.2	3	76	55	753	707
上海	10%	29.5	3	83	77	757	750
	5%	30.7	6	81	73	754	749

对两市的日平均湿球和干球温度分别从高到低排列，取其中最炎热的若干天，进行逐日的冷却水温计算，其中：

北京：湿球温度的变化范围为24.0～27.4℃；干球温度的变化范围为27.0～31.0℃，

共108天。

上海：湿球温度的变化范围为26.5～28.8℃；干球温度的变化范围为29.0～32.6℃，共96天。

冷却水温的计算是以一个配20万kW的汽轮发电机组的风筒式为例进行的。计算结果见表4-10和表4-11。

按湿球温度计算的冷却水温 **表4-10**

地点	设计频率时的湿球温度 τ_c(℃)	$\tau \geqslant \tau_c$ 发生的天数(天)	τ_c 时计算冷却水温 t_c(℃)		日平均水温 $t>t_c$ 的天数(天)	
			最高水温 t_{max}	最低水温 t_{min}	$t>t_{max}$的天数	$t>t_{min}$的天数
北京	24.6(10%)	45	31.0	30.6	37	61
	25.4(5%)	22	31.7	34.5	16	22
上海	26.8(10%)	48	32.4	32.1	34	46
	27.4(5%)	25	32.9	32.5	8	29

按干球温度计算的冷却水温 **表4-11**

地点	设计频率时的干球温度 θ_c(℃)	$\theta \geqslant \theta_c$ 发生的天数(天)	θ_c 时计算冷却水温 t_c(℃)		日平均水温 $t>t_c$ 的天数(天)	
			最高水温 t_{max}	最低水温 t_{min}	$t>t_{max}$的天数	$t>t_{min}$的天数
北京	27.5(10%)	43	30.9	30.5	44	68
	28.2(5%)	23	31.3	29.3	27	92
上海	29.5(10%)	46	32.4	31.9	33	68
	30.7(5%)	22	33.1	32.4	7	32

两市逐日冷却水温的计算结果表明，高水温绝大多数出现在湿球温度较高或干、湿球温度都较高的日期。如表4-10所列，在频率为10%时，北京市逐日冷却水温 $t>t_{min}$ 的61天中有59天，上海市 $t>t_{min}$ 的46天中有45天是出现在湿球温度较高或干、湿球温度都较高的日期。出现在干球温度高的日期分别只有2天和1天。

相同的计算湿球温度或干球温度，由于其出现日期不同，相应的相对湿度和大气压力也可能不同。当计算的湿球温度相同时，冷却水的计算温度随相对湿度的降低而增高，如表4-11中所列的 t_{max} 和 t_{min} 分别相应表4-9中相对湿度的最高和最低值。就所比较的两市频率为10%和5%的气象条件而言，其冷却水温的差，按湿球温度计算时为0.2～0.4℃，而按干球温度计算时，则为0.4～2.0℃。

另外，从两市逐日水温计算结果可知，当湿球温度相同时，由于相对湿度不同，计算水温的差值绝大多数在0.5℃以内，个别的可达0.7～0.8℃；而干球温度相同时，由于相对湿度的不同，计算水温的差值绝大多数在0.9℃以上，最大可达3.0℃。

从上述比较可知，第四种方法得出的气象条件在冷却塔热力计算中会引起计算冷却水温的过大误差，这种方法是不可取的。

因此，在计算冷却塔的最高冷却水温时，气象条件应采用按湿球温度频率统计法得到的某一设计频率标准下的湿球温度及相应的相对湿度、干球温度和大气压力。对由于同一湿球温度因出现日期的不同，相应的相对湿度、干球温度和大气压力也不同者，设计中宜选用其中相对湿度最高一天的各气象要素。

风筒式冷却塔需要计算风筒的抽力。在湿球温度相同时，随相对湿度的增加，湿空气密度增加，冷却塔的抽力也增加，计算的冷却水温降低，导致所设计的冷却塔尺寸减小。从保证工艺工程的安全来看，显然不利。但上述两市的算例是采用风筒式冷却塔进行计算的，在算例的计算结果分析中反映了这一因素。所以，前述结论对北京、上海两市设计风筒式冷却塔是适用的。

我国幅员辽阔，上述两市的气象参数变化规律尚不能完全代表国内广大地区。从上述两市的计算结果来看，在同一湿球温度下，由于相对湿度不同，冷却水温的差值多数在0.5℃以内，个别也可达0.7～0.8℃。为安全计，在设计风筒式冷却塔时，可按前述推荐的气象参数选取方法计算出的冷却水温的基础上，留有适当裕度(冷却水温增加不超过0.5℃)，作为设计计算的最高水温；也可以取同一湿球温度下出现的不同相对湿度的平均值作为计算采用的相对湿度。

对于不靠风筒抽风的机械通风冷却塔则完全可采用前述推荐的方法，而不必考虑裕度。

关于气象参数的取值方法，各设计单位对日平均气象参数的取值方法可归纳为以下4种：

1) 取国家气象部门统一规定的一昼夜4次标准时间(每天的2：00、8：00、14：00、20：00)测值的算术平均值作为日平均值；

2) 取每天24h的24次测值的算术平均值作为日平均值；

3) 取每天的8：00、14：00、20：00 3次测值的算术平均值作为日平均值；

4) 取每天14：00的测值作为日平均值。

按第三种和第四种方法取值，无疑会使计算气温增高，冷却塔尺寸增大。

对北京、成都两地的湿球温度分别按第一和第二两种方法计算日平均值，计算结果的差值，见表4-12。

两种方法计算的日平均湿球温度差值分析 **表4-12**

地点	差值	0	0.1	0.2	0.3	0.4	0.5	0.6	0.7～1.1
北京	根据个数	94	166	91	48	32	15	6	8
	占的比例(%)	20.4	36.1	19.8	10.4	7.0	3.3	1.3	1.7
成都	根据个数	202	335	194	115	40	14	14	5
	占的比例(%)	22.0	36.5	21.1	12.5	4.4	1.5	1.5	0.5

把按两种不同方法计算的日平均湿球温度分别进行频率分析，结果见表4-13。

两种计算方法的日平均湿球温度频率分析表 **表4-13**

地点	计算方法	不同频率的湿球温度(℃)			
		5%	10%	15%	20%
北京	4次测值平均	25.4	24.6	24.1	23.7
	24次测值平均	25.2	24.5	24.1	23.7
成都	4次测值平均	25.4	24.8	24.5	24.3
	24次测值平均	25.3	24.8	24.5	24.2

从表4-12和表4-13可以看出，按两种方法计算的日平均湿球温度和不同频率时的日平均湿球温度均相差甚少。为便于气象资料的收集和简化统计计算工作，以一昼夜4次标准时间测值的算术平均值作为日平均值是适宜的。

经过对两地的干球温度进行同样的比较，结果与湿球温度的比较结果一致。

对于个别因产品或设备对冷却水温要求严格的冷却塔的设计，视其要求的严格程度，也可取每天3次测值的平均值或每天14：00的测值进行统计计算。

关于气象资料的年限，根据对上海、成都两地连续5年和10年的气象资料进行频率统计的结果，两条频率曲线基本重合。日平均干球或湿球温度，两种资料年限的统计结果，在相同频率时相差仅0.1～0.2℃。为了减少资料的收集及统计计算工作量，采用连续5年的资料能够满足设计精度的要求。

对于空调用冷却塔室外气象条件，各国至今未作规定，而对选择及设计空调、制冷设备，室外气象条件是比较齐全的。冷却塔作为空调、制冷系统中的重要设备，其作用是举足轻重的。因此，制定与空调系统相适应的冷却塔室外气象条件是十分必要的。作者经过研究认为，空调特别是舒适性空调，若环境温度偏高，冷却水温相应地提高，这样对空调室温有一定的影响，但不会带来很大的损失。所以，以频率为10%的日平均干湿球温度作为空调用冷却塔室外气象条件较为适宜。

为了便于观察分析，现将济南地区的干湿球温度频率绘成如图4-3所示的曲线。按照与上面相同的方法，同样可以求出其他地区的干湿球温度频率。

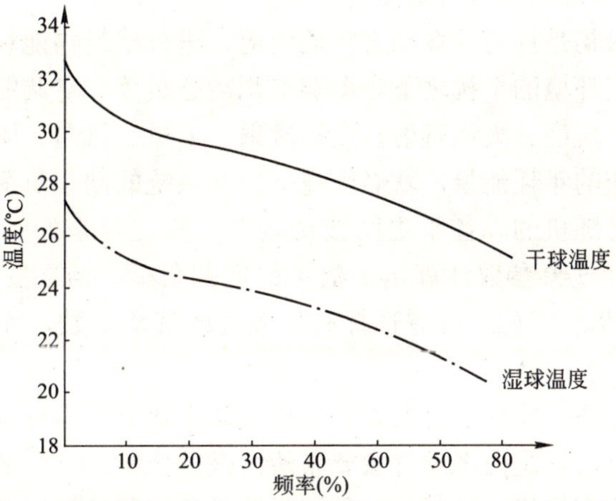

图4-3 济南地区干湿球温度频率

在表4-14中列出了按照最炎热时期(6、7、8月)频率为10%确定的全国55个地区空调用冷却塔计算干湿球温度值。

4.3.2 实用计算表(见表4-14)

空调用冷却塔室外计算干湿球温度(℃) **表4-14**

地区	济南	北京	上海	赤峰	鞍山	长春	武汉	郑州	长沙	成都	天津	石家庄	邯郸
干球温度	30.7	27.5	29.5	26.5	24.9	24.8	31.3	30.2	31.2	26.8	30.1	31.0	31.9
湿球温度	25.9	24.6	26.8	20.5	24.1	22.6	27.4	25.8	27.5	24.6	26.3	25.7	26.5

续表

地区	太原	大同	长治	阳泉	包头	呼和浩特	南京	青岛	合肥	杭州	温州	宁波	福州
干球温度	28.5	26.3	27.0	28.9	27.0	26.2	32.6	28.0	32.2	32.5	30.8	31.8	31.5
湿球温度	22.5	20.4	22.6	23.1	19.9	19.8	28.2	26.0	28.0	28.3	28.0	27.8	27.5
地区	厦门	沈阳	大连	抚顺	锦州	哈尔滨	齐齐哈尔	安达	洛阳	南昌	广州	惠阳	南宁
干球温度	30.8	28.2	27.0	28.4	27.6	27.7	27.5	27.6	32.4	33.4	31.3	31.3	316
湿球温度	27.4	24.6	25.0	24.5	24.7	22.9	22.0	22.7	26.5	27.6	27.5	27.4	27.5
地区	重庆	昆明	贵阳	昌都	拉萨	西安	宝鸡	兰州	酒泉	银川	亚宁	乌鲁木齐	
干球温度	33.0	23.5	26.5	31.3	19.9	32.0	29.7	27.1	27.5	27.2	31.2	28.5	
湿球温度	27.3	19.6	22.7	14.2	12.7	25.1	24.0	19.4	17.5	21.1	15.6	17.6	

4.4 基于标准年的冷却塔气象参数

为了减少气象参数统计的工作量，可以借助于标准年气象参数（Typical Meteorological Year），来确定空调用冷却塔室外气象条件。

标准年气象参数最初是针对计算动态空调负荷，进行建筑物能耗分析而提出的。空调系统长期处于周围空气环境的干扰之下，影响空调动态负荷、空调能耗的室外气象参数主要有空气的干球温度、湿度、太阳直射、太阳散射、云量、风向、风速等。

为了预测空调系统的年耗能量，就必须进行空调系统的动态负荷分析，计算其动态负荷。但是，气象数据是随机的，各年之间波动较大，随之带来的空调负荷的随机性也很大。根据日本东京实际气象参数计算出了数年的空调负荷，结果发现，1961年的空调冷负荷是1968年的1.5倍。因此，只有选择有代表性的气象参数，才能使模拟出来的能耗结果是可靠的。

作者采用统计的方法，构成了山东省济南市空调能耗分析用标准年气象参数。所谓标准年气象资料，实际上，就是由多种气象要素所组成的全年8760h的逐时气象资料，以供建筑物全年能耗分析程序使用。同时，这种能耗分析程序所计算出来的结果，必须具备长期平均的代表性，以使建筑设计者对建筑物的长期热特性作正确的评估。

因此，一般而言，标准年气象资料的意义应有如下两点：

第一，具有长期气候代表性，可以代表长期气候的平均年变动状态；

第二，具有建筑物年热负荷代表性，可以供模拟出建筑耗能量的一般平均状态。

由上述可知，标准年气象资料的作用有如下两点：

1）它具有全年8760h的逐时气象资料，可以供大型建筑能耗分析程序使用，以计算出建筑物全年空调动态负荷及耗能量；

2）因其具有气候代表性，故可以供其他建筑物理方面的各种后续研究。如度日、度时、温频等便可由标准年气象资料推求出来，而不必再从长期原始气象资料中统计。

关于标准年的组成，一般可分为两类。一类由真实的一年气象资料组成，它是由长期气象资料中，找出具有气候或能耗计算值代表性的全年资料，而成为一个气象年；另一类，则由各月份气象要素中选取出具有代表性的平均月，再将这12个平均月连接成一个气象年。换言之，这一类的气象年并非真正有这样一年资料，而是认为制作的一种平均状况。

由于第一类方法中所用的气象资料复杂，故这里重点介绍第二种方法，并以最近10年的气象资料为统计年限，这是因为：首先，标准年气象资料是应用于建筑物能耗模拟上的，其对象大多位于都市地区，而都市地区由于各种人为因素，例如，废气量的增加、空调设备的使用、人口密度的集中等，均导致都市地区在微气候上有显著的变化。采用太早太长的气象资料，有时反而失去今后气候的代表性，故而采用最近10年的气象资料更为有利。其次，随着科技的进步气象测量仪器不断地在革新，精度也愈来愈高。为了避免旧仪器产生的误差，而适当地缩短统计年限，反而有助于精度的提高。

如前所述，影响空调能耗的室外气象参数有7项，若同时以这7项参数作为选取构成标准年平均月的标准，当然是最理想。然而，各项因素对空调能耗的影响程度是不同的。并且同时以7项气象参数选择也过于复杂，故而，再选出其中对空调能耗影响较大的因子，这些因子包括干球温度、含湿量、水平面太阳总辐射。本研究利用这三项因子，采取双重选择的方法，来选择构成标准年的平均月。第一阶段，先以气候的长期代表性为主来判断；第二阶段，再以空调负荷的观点来作后的选取。

第一阶段的做法是以温度、含湿量、太阳总辐射为选取要素，先求出三要素逐月平均值与10年长期平均值的偏差，以三者同时小于标准偏差者为候选月。这些候选月可能有2个或多个，如果没有三者皆符合的，则以温度及日射量同时符合者为候选月。即候选月气象三要素应满足：

$$|X_{r,m,y}-X_{r,m}|<\sigma_{r,m} \tag{4-4}$$

式中 r——分别对应空气干球温度、含湿量、太阳辐射强度；

$X_{r,m,y}$——10年中属于y年m月的第r项气象要素的月平均值；

$X_{r,m}$——第m月r项气象要素的10年平均值；

$\sigma_{r,m}$——第m月r项气象要素的标准均方差；

m——月份，$m=1$，2，……，12；

y——年份，$y=1$，2，……，10。

其中，济南市干球温度10年各月平均值、均方差及气象三要素判定结果列在了表4-15、表4-16中。

济南市10年干球温度平均值及均方差 **表4-15**

年\月	1	2	3	4	5	6	7	8	9	10	11	12
1979	0.7	3.6	8.7	13.0	21.6	26.3	26.7	26.4	20.7	18.0	7.0	2.9
1980	−1.0	1.0	6.5	13.8	21.7	26.4	27.2	24.9	21.5	15.6	11.1	0.4
1981	−2.5	2.2	10.5	17.4	22.6	26.6	28.5	26.4	22.9	14.5	6.2	1.6

续表

年＼月	1	2	3	4	5	6	7	8	9	10	11	12
1982	−0.7	2.8	9.6	16.8	24.2	25.6	27.0	26.5	21.2	18.0	8.3	1.9
1983	0.4	1.2	8.0	17.0	22.6	27.6	27.5	26.7	23.1	15.4	9.3	2.6
1984	−1.6	−0.3	6.6	15.8	21.2	25.5	26.4	26.6	21.0	16.5	9.5	−0.9
1985	−1.4	1.1	5.8	16.4	20.0	26.9	27.6	27.0	19.3	16.2	7.5	−0.8
1986	−0.1	0.9	9.1	16.5	22.8	27.0	28.2	25.6	22.3	14.2	7.3	1.2
1987	0.1	3.1	6.9	15.7	21.9	25.0	28.2	26.7	22.9	17.1	7.9	3.1
1988	0.7	1.3	6.6	16.6	21.3	27.4	26.3	26.1	22.7	16.6	9.2	2.2
平均值	−0.5	1.7	7.8	15.9	21.9	26.4	27.4	26.3	21.8	16.2	8.3	1.4
均方差	1.0	1.1	1.5	1.4	1.1	0.3	0.7	0.6	1.2	1.2	1.4	1.4

济南市气象三要素判定结果 **表 4-16**

年＼月	1	2	3	4	5	6	7	8	9	10	11	12
1979	*		* * *	* *	*	* *	* * *	* * *	* * *	*	*	*
1980	*	* * *	* * *	* *	* * *	* *	* *		* *	* * *	*	* *
1981		* * *	*	*	*	* *		* * *	*	*	*	* *
1982	* * *	*	*	* * *	* *	* *	* *	* * *	* * *	*	*	* *
1983	* * *	* *	* * *	* *	* *		* * *	* *	*	*	* * *	* *
1984	*	*	*	* * *	* * *		* *	* * *	* * *	* * *	*	*
1985	* *	* *		* *		* * *	* * *	*	*	* * *	* * *	* *
1986	* * *	* * *	* *	* * *	* * *	* * *			* *	*	* * *	* * *
1987	* *	* *	* * *	* *	* * *	* *	* *	* * *	* * *	* * *	* * *	* * *
1988	* *	* * *	* *	* *	* *	*		* * *	* * *	* *	*	* * *

注：表中有几个 * 号就代表有几项参数满足式(4-4)。

由表 4-16 可见，在 10 年中能满足式(4-4)的每个候选月并非只有一个年份。为此，需进行第二阶段的工作，就是将气象三要素的偏差对于空调负荷计算所占的比重，转为一个单一标准的数值指标。这个数值指标在空调负荷计算中，便是该月的气候状况与平均状况偏差的综合指标。故而由前面所选的数个候选月中，选取出数值指标最接近于零(亦即最接近平均值)的月份，作为最后中选的平均月。

令综合指标为：

$$DM=(X_{1,\mathrm{m,y}}-\overline{X}_{1,\mathrm{m}})+K_2(X_{2,\mathrm{m,y}}-\overline{X}_{2,\mathrm{m}})+K_3(X_{3,\mathrm{m,y}}-\overline{X}_{3,\mathrm{m}}) \tag{4-5}$$

式中 K_2——对干球温度而言，含湿量的分量系数；

K_3——对干球温度而言，太阳辐射的分量系数。

分量系数 K_2、K_3 的意义，乃是以能量的观点，求出含湿量及水平面太阳总辐射在空调负荷上单位量所导致的空调负荷量与温度单位所导致的空调负荷之间的比例值。其求法是，先假设一标准平面，而以定常热计算方式分别计算单位温度、含湿量、水平面太阳总辐射量所产生的冷负荷值 QDB、QAH、QJS。而后令 $K_2=QAH/QDB$；$K_3=QJS/QDB$。

式中 QDB——单位温度产生的冷负荷；

QAH——单位含湿量所产生的冷负荷；

QJS——单位太阳总辐射所产生的冷负荷。

K_2、K_3 的求解步骤如下：

首先计算三要素单位量导致的空调负荷值：

$$QDB=AOW[(1-WR)U1+WR\times U4]+AIW\times 0.5\times U3\times 0.5+ARO\times U2+Q\times F\times 1.2\times 0.24 \quad (4\text{-}6)$$

$$QAH=0.5973\times Q\times F\times 1.2 \quad (4\text{-}7)$$

$$QJS=AOW\times 0.417\times VS[(1-WR)\times(AJ/AS)\times U2+WR\times GJ]+ARO\times(AJ/AS)\times U3\times 0.417 \quad (4\text{-}8)$$

式中 AOW——外壁面积；

ARO——屋顶面积；

AIW——内壁面积；

$U1$——外墙传热系数；

$U2$——屋顶传热系数；

$U3$——内壁传热系数；

$U4$——窗户传热系数；

WR——窗墙比；

GJ——玻璃窗的日射得热率；

AJ——外壁、屋顶外表面的日射吸收率；

AS——外壁、屋顶外表面的放热系数；

Q——换气量；

F——地板面积。

$$VS=\frac{1}{4}\left(\int_{T1}^{T2}J_e\mathrm{d}T+\int_{T1}^{T2}J_s\mathrm{d}T+\int_{T1}^{T2}J_w\mathrm{d}T+\int_{T1}^{T2}J_n\mathrm{d}T\right)\Big/\left(\int_{T1}^{T2}J_h\mathrm{d}T\right) \quad (4\text{-}9)$$

式中 J_e、J_s、J_w、J_n、J_h——分别为东、南、西、北四面垂直墙及水平面日射总辐射强度。

$$J_h=S+D \quad (4\text{-}10)$$

S、D 分别为水平面太阳直射和散射辐射强度。

令
$$MS=\int_{T1}^{T2}S\mathrm{d}T\Big/\left(\int_{T1}^{T2}J_h\mathrm{d}T\right)$$

则
$$\int_{T1}^{T2}D\mathrm{d}T=(1-MS)\int_{T1}^{T2}J_h\mathrm{d}T \quad (4\text{-}11)$$

$$\int_{T1}^{T2} J_h \mathrm{d}T = \int_{T1}^{T2} SN \times \sin hN \mathrm{d}T + (1-MS)\int_{T1}^{T2} J_h \mathrm{d}T \tag{4-12}$$

$$\int_{T1}^{T2} JR \mathrm{d}T = \int_{T1}^{T2} SN \times \sin hR \mathrm{d}T + \frac{1}{2}(1-MS)\int_{T1}^{T2} J_h \mathrm{d}T \tag{4-13}$$

式中 SN——法线面直射辐射强度；

hR——为各墙面视在太阳高度角；

1/2——垂直墙面对天空辐射角系数。

又因为

$$hR + QR = \pi/2$$

$$hH + QH = \pi/2$$

$$VS = \frac{1}{2}\times(1-MS) + \frac{1}{4}\times MS\times\left(\int_{T1}^{T2}\cos e\mathrm{d}T + \int_{T1}^{T2}\cos s\mathrm{d}T\int_{T1}^{T2}\cos w\mathrm{d}T + \int_{T1}^{T2}\cos n\mathrm{d}T\right)\Big/\left(\int_{T1}^{T2}\cos h\mathrm{d}T\right) \tag{4-14}$$

对于有外遮阳的建筑，需要考虑阴影对负荷的影响。因此，有

$$VS = \frac{1}{2}\times(1-MS) + \frac{1}{4}MS\times\left(\int_{T1}^{T2} WR\times SE\cos e\mathrm{d}T + \int_{T1}^{T2} WR\times SS\cos s\mathrm{d}T + \int_{T1}^{T2} WR\times SW\cos W\mathrm{d}T + \int_{T1}^{T2} WR\times SN\cos n\mathrm{d}T\right)\Big/\int_{T1}^{T2}\cos h\mathrm{d}T \tag{4-15}$$

式中 WR、SE——分别表示具有外遮阳的外墙、窗的日照面积与无外遮阳的日照面积比。

求出 K_2、K_3 以后，代入式(4-5)，求出 DM 值，其计算结果见表 4-17，DM 的绝对值最接近零的年度就是该月的年均月所在年份，其结果见表 4-18。

DM 值计算结果 表 4-17

年＼月	1	2	3	4	5	6	7	8	9	10	11	12
1979		1.104						0.375	−0.889			
1980		0.517	−1.41		−0.464		−0.309			0.028		
1981		0.494										
1982	−0.383			1.429				0.061	−1.667			
1983	1.127		0.625				−0.305	0.663			−1.529	
1984				−0.356	−0.808				−0.443	0.483		
1985						0.656	0.352	1.165		0.109	−1.062	
1986	0.553	−1.027		0.665	0.789	1.073					−1.411	−0.667
1987			−0.957		0.122			0.833	1.646	0.682	−0.536	
1988		−0.783						−0.384	1.502			0.548

构成标准年的平均月 表 4-18

平均月	所在年份	平均月	所在年份
1月	1982年	2月	1981年
3月	1983年	4月	1984年
5月	1987年	6月	1985年
7月	1983年	8月	1981年
9月	1984年	10月	1980年
11月	1987年	12月	1988年

下面以国际上颇有影响的 HASP(Heating，Air-conditioning and Sanitary Engineering Program)能耗分析程序为例，说明气象数据的规格化。该程序要求输入的气象参数有：室外干球温度、含湿量、法向直射辐射强度、水平面散射辐射强度、云量、风向、风速。

(1) 干球温度

山东省气象局目前能够提供每天 4 次(2：00、8：00、14：00、20：00)的干球温度采样值和极端值。我们以每天 4 次的采样值为基础，采用埃特金插值方法，求出了其他时刻的干球温度值。

(2) 含湿量

利用逐时相对湿度和干球温度，可以求出逐时含湿量。

含湿量 $$d=\varphi\times622\times P_S/(P_B-\varphi\times P_S/100)/100 \tag{4-16}$$

式中 $$P_S=P_c\times\exp\{721275+3981\times[0.745-(t+27315)/6473]^2+105\times[0.745-(t+27315)/6473]^3(1-6473/(t+27315)\}$$

P_c——水蒸气的临界压力；

P_B——当地大气压力；

t——逐时干球温度；

φ——逐时相对湿度。

(3) 法向直射辐射强度值和水平面散射辐射强度值

气象局每日白天有 3～5 次的水平面太阳直射、散射强度值。

在计算出每天日出、日落时刻后，用实测值和埃特金插值法，求出这期间各时刻的值。

(4) 云量

以 0～10 的数字计入，无单位。

(5) 风向和风速

这两项参数气象局有逐时采样值，整理时，将风向的 16 个方位转换成数字。其方法为：$NNE=1$，然后，按顺时针方向，依次对应转换。若无风，则风向、风速，均记为 0。

由于平均月是由不同年份中选取出来的，在连接点上，产生突然变化是可以预见的。而自然状态下的气象变化大多为以连续的曲线，所以在连接点上必须加以修正，使得曲线平滑以合乎自然气象变化的规律。

简便有效的连接法是以 m 月最后一天的 18：00 至($m+1$)月第一天的 6：00 为连接时段。将连接值以渐进的比例插于两个月的数值之间。其计算公式为：

$$D_{k,h}=(1-h/12)D1_{k,h}+12D2_{k,h} \tag{4-17}$$

式中 $D_{k,h}$——联接平均值；

$D1_{k,h}$——m 月的记录值；

$D2_{k,h}$——$(m+1)$月的记录值；

k——气象参数；

h——时刻，18：00，19：00，……，6：00。

4.5 小　　结

本章在分析空气与冷却水之间传热、传质现象的基础上，指出冷却水的理论：冷却极限温度为当地空气的湿球温度，在实际工程中，一般取冷却塔出口水温比空气湿球温度高3～5℃。接着探讨了空气湿球温度的变化规律，室外空气湿球温度基本上是以 24h 为周期而变化的，只是随着季节的变化，振幅不同而已，其变化曲线可用余弦函数来表达。

对冷却塔的选用，室外气象条件的确定至关重要，如果取夏季极端温度作为冷却塔的室外计算条件，势必造成冷却塔选择过大，初投资增加；如果室外温度取得过低，则无法保证工程应用。因此，本章结合我国空调工程的实际及室外气象条件的变化规律，提出以10％的不保证率作为确定空调用冷却塔室外气象条件的原则，最后，给出了全国 55 个城市的冷却塔计算用室外计算干湿球温度。

第 5 章　封闭式冷却塔数学模型的建立

为了定量地分析空调用封闭式冷却塔的性能，揭示冷却塔冷却水出口温度的变化规律，本章在介绍空调用封闭式冷却塔结构的基础上，重点讨论了封闭式冷却塔中的传热传质现象，阐述了建立封闭式冷却塔数学模型的方法。

5.1　封闭式冷却塔的结构

5.1.1　封闭式冷却塔的组成

为了解决传统冷却塔中冷却水与大气直接接触，外界污染源易污染冷却水的问题，在本课题的研究中，让冷却水始终在冷却盘管内流动放热，不与外界接触，从根本上隔离冷却水的污染源，能有效地保持空调系统中冷却水水质的纯净。

本课题所研制的空调用封闭式冷却塔主要由冷却盘管、风机、管道泵、喷淋排管、淋水喷头(喷嘴)、挡水板、底池、百叶进风口、塔体等几部分组成。图 5-1 是空调用封闭式冷却塔的结构简图。

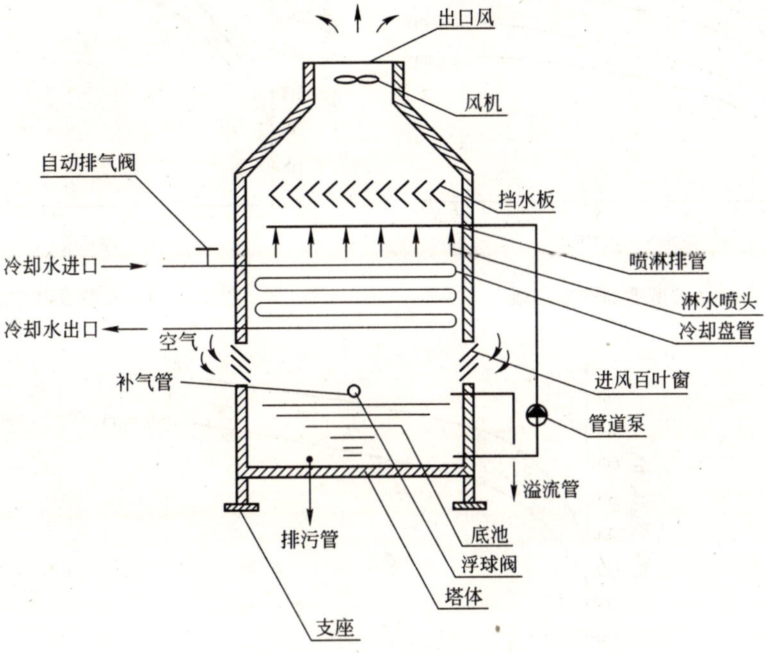

图 5-1　空调用封闭式冷却塔结构简图

5.1.2　喷嘴的性能

喷嘴的作用是将循环水均匀地喷淋在冷却盘管的外表面，喷嘴喷淋水的过程可分解成三个连续的过程，即强旋流形成的过程、空心锥膜形成的过程、锥膜破碎成水滴的过程。强旋流的形成过程是将喷嘴入口总能量充分地转化为液流动能的根本保证，也是为下一阶段的雾化过程积极转换和储备能量的准备阶段。旋流程度直接决定着喷嘴的雾化性能，喷嘴中液流旋转越强烈，液流流速越高，空气涡尺寸越大，雾化角越大，水滴的颗粒越细。锥膜形成过程的核心问题是如何形成厚度较薄的膜层，以有利于下一步雾化过程，通常雾化角越大，形成的锥膜越薄，而雾化角大小取决于喷嘴的几何特性参数。锥膜破碎过程的关键问题是如何尽量提高空气对水膜的动力不稳定性，增强空气对水膜的扰动，加大水膜与空气之间的相对速度和接触面积，使水膜与空气产生较大的摩擦力。

图5-2～图5-4给出了目前国内常用的3种喷嘴PX-1、PY-1、FD喷水压力P(MPa)、喷水量Q(kg/h)、出口孔径d(mm)之间的关系曲线。从图中可见，在相同喷水压力及出口孔径条件下，三种喷嘴的喷水量相差不大，但是PX-1型喷嘴雾化角度大，为180°，喷出的水滴直径小，小于0.25mm，其他喷嘴的雾化角度小，一般为130°，喷出的水滴直径大，一般均大于0.5mm。所以，PX-1型喷嘴雾化性能最好。因此，选用PX-1型喷嘴作为空调用封闭式冷却塔喷淋系统的喷淋装置，并将喷嘴按照梅花形来布置，使水滴在冷却盘管上均匀分布。

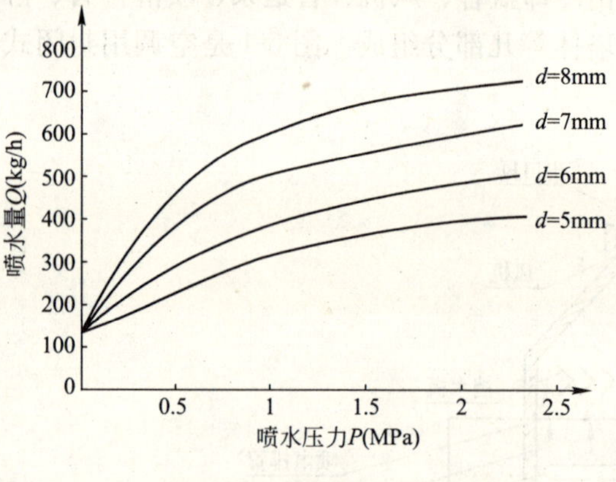

图5-2 PX-1型喷嘴性能曲线

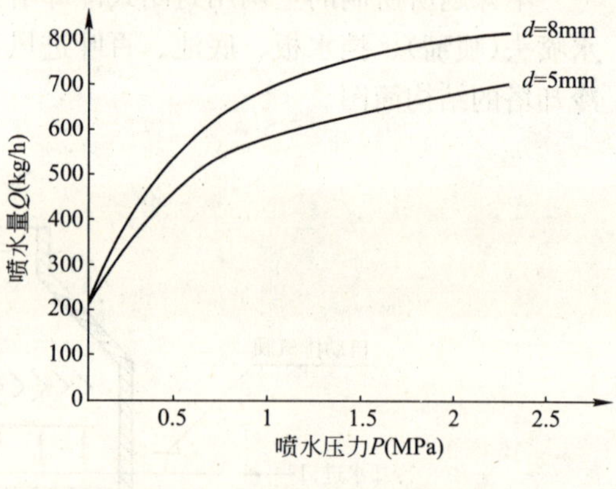

图5-3 PY-1型喷嘴性能曲线

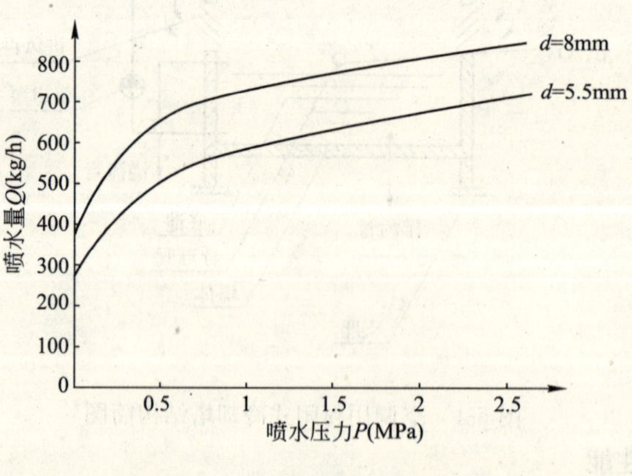

图5-4 FD型喷嘴性能曲线

5.1.3 冷却盘管的形式

冷却盘管是空调用封闭式冷却塔的核心部件，在本课题研究中，尝试了 3 种形式的冷却盘管。

第一种是选用无缝钢管，外径 25mm，壁厚 2mm，光管。

第二种是选用拉制光滑铜管，铜管外径 20mm，厚度 1mm。

第三种是选用铜管串铝片，铜管外径 16mm，壁厚 1mm。铝片厚 0.2mm，肋片高 8mm，片距为 3mm，肋化系数为 18.99。

冷却盘管均按正三角形布置，纵向管间距与横向管间距相等，均等于两倍管径，详见图 5-5。

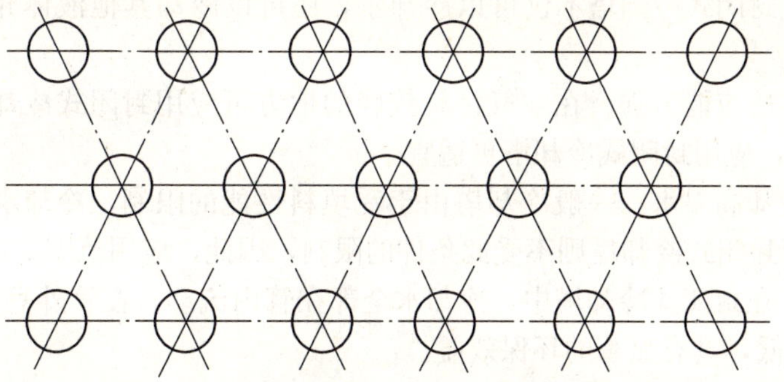

图 5-5 冷却盘管的布置形式

5.2 封闭式冷却塔的工作原理

5.2.1 工作原理

空调用封闭式冷却塔的工作原理是：从冷凝器、吸收器或工艺设备等出来的温度较高的水，由冷却水循环泵加压输送到封闭式冷却塔的冷却盘管中。另一方面，利用管道泵将冷却塔底池中的水抽吸到喷淋排管中，然后，喷淋在冷却盘管的外表面上，蒸发吸取冷却水的热量，从而使冷却水的温度得以降低。

与此同时，靠安装在挡水板上面风机的抽吸作用，使空气自下而上流经冷却盘管，这样不仅可以强化冷却盘管外表面的放热，而且还可以及时带走蒸发所形成的水蒸气，以加速水分的蒸发，提高冷却效果。

具体说来，就是冷却盘管内温度较高的水以对流的形式将热量传给冷却盘管内表面，这部分热量再由冷却盘管的内表面传到冷却盘管的外表面。由于冷却盘管外表面喷淋循环水，循环水落到冷却盘管的外表面，靠对流和蒸发将这部分热量散到空气中去。

5.2.2 特点分析

本课题所研制的空调用封闭式冷却塔是一种不同于任何传统冷却塔的冷却设备，因此，具有下列突出的特点：

1）能保持冷却水的清洁。由于封闭式冷却塔与外界不接触，能有效地防止冷却水的污染，冷却水始终是干净的。如果冷却水用软化水，则冷凝器或工艺设备就不会结垢(包括水垢和泥垢)，使制冷机等设备始终在高效率下运行，节省大量的清洗维修费用，延长设备的寿命，从根本上彻底解决了溴化锂吸收式制冷机等设备因结垢而制冷量急剧下降的难题。

2）功能多。经封闭式冷却塔降温的水，除可用作冷却水之外，在过渡季节，当室外气温较低时，经封闭式冷却塔降温的水，还可直接输送到表冷器、喷水室内充当冷冻水使用，从而可延缓制冷机的开机时间，节省70%左右的能量，实现了一机多用。

3）节能。应用封闭式冷却塔的冷却水系统是闭式系统，其冷却水泵扬程 $H=h_1$（设备阻力）$+h_2$（管道阻力）；而应用传统冷却塔的开式系统，其冷却水泵扬程 $H=h_1$（设备阻力）$+h_2$（管道阻力）$+h_3$（静水压力）$+h_4$（自由水头）。由此可见，应用封闭式冷却塔的闭式系统与应用传统冷却塔的开式系统相比，冷却水泵扬程可以大大减小，运行费用可以降低45%左右。

4）用途广。封闭式冷却塔不仅可以冷却水，还可以冷却其他液体介质，例如：润滑油、酒精等。

5）对环境的适应能力强。在空气污染较轻的地方可应用封闭式冷却塔；在空气污染较为严重的地区，应用封闭式冷却塔更适宜。

6）可用于冷却高温水。一般冷却塔由于受填料性能的限制，冷却水入口温度一般不得高于65℃，而封闭式冷却塔则不受此条件的限制，因此，应用范围更加广泛。

7）噪声低。在封闭式冷却塔中，冷却水全部在管内流动，在管外只有少量的循环水，因此，噪声相当低，具有显著的环保效益。

8）安全。普通玻璃钢冷却塔的填料是可燃的，外壳玻璃钢也是可燃的，所以，存在着严重的火灾隐患。近几年，在济南历山剧院等单位多次发生玻璃钢冷却塔着火事故，给人民生活财产造成了巨大损失。封闭式冷却塔全部都是由不燃材料制成的，所以，防火，安全。

9）节水。根据实测，普通玻璃钢冷却塔水的飘逸量约占冷却水量的3%～5%，水的损失较多；而在封闭式冷却塔中，盘管外面喷淋的循环水很少，水的损失量也就比较小。

10）美观。由于封闭式冷却塔的外形是方形，而大多数建筑物也是方形的，所以，这种冷却塔与建筑物外形比较协调。

表5-1对冷却水量为100t/h的封闭式冷却塔与冷却水量为100t/h的传统逆流式冷却塔所组成的冷却水系统进行了对比。冷却塔均安放在二十层楼顶，冷却水池设在地下，冷却塔每天运行10h，每年运行120天，部分负荷系数取0.6，电费0.6元/kWh。从表中可见，不论是运行费用还是噪声，封闭式冷却塔都比传统冷却塔低得多。

冷却塔对比表　　表5-1

项目	水质	年运行费用	冷却水温度	冷却液体种类	噪声	安全性	飘水量	功能	系统型式	风机功率	水泵功率
封闭式冷却塔	干净	1.1万元	可>65℃	任何液体	66dB(A)	不燃	0.8t/h	多	闭式	15kW	11kW
传统冷却塔	易污染	1.9万元	<65℃	水	71dB(A)	可燃	3.4t/h	单一	开式	5.5kW	37kW

为了便于运输和安装，空调用封闭式冷却塔采用的是模块式结构，即每一模块的冷却水量是20t/h，若冷却水量为100t/h，则需要将5个模块组合起来。从声学角度来看，5个模块相当于5个噪声源，其总的声压级为各个声压级的叠加，即 $\Sigma S=101g(10^{0.1S_1}+10^{0.1S_2}+10^{0.1S_3}+10^{0.1S_4}+10^{0.1S_5})$。每一个模块的噪声为59dB(A)，故5个模块组合起来，

其噪声为 66dB(A)。

5.3 封闭式冷却塔应用前景分析

5.3.1 应用前景分析

从上面的分析中可以看出，封闭式冷却塔具有一系列独特的优点，因此，它可广泛应用于建筑、轻纺、食品、医药、烟草、化工、机械、冶金等部门的冷却水系统，由于溴化锂吸收式制冷机、模块化冷水机组、水环热泵等制冷设备中冷凝器大多为板式换热器，流通面积小，对水质要求高，因此应用封闭式冷却塔更为适宜。

空调用封闭式冷却塔自研制成功以来，已先后应用到滨州某电业局、河北省某地税局、东营某棉纺厂、河南省洛阳某宾馆等单位。用户普遍反映，这种新型冷却塔能够很好地为制冷机提供干净的冷却水，保证了制冷机的正常运行，延长了制冷机的寿命，适应了时代的要求，形势的发展，是冷却塔的换代产品。

下面重点分析空调用封闭式冷却塔的两种应用情况。

5.3.2 利用封闭式冷却塔直接供冷

在中央空调系统中，制冷机所消耗的能量约占总能耗的 70%～85%左右。对于带有内区的办公大楼、实验室、计算中心、控制中心、宾馆这样的建筑，一般全年都有比较稳定的冷负荷，由于封闭式冷却塔内冷却水干净，因此，可利用封闭式冷却塔代替制冷机直接供冷，节省大量的运行费用。

图 5-6 是封闭式冷却塔直接供冷的系统图。在夏季设计条件下，阀 2、阀 5 关闭，阀 1、阀 3、阀 4、阀 6 开启，启动制冷机制冷。从封闭式冷却塔出来的温度较低的冷却水进入冷凝器，吸收制冷机放出的热量，温度升高后的冷却水流入封闭式冷却塔。在封闭式冷却塔中降温的水再回到冷凝器。与此同时，在蒸发器中就可以得到冷量。

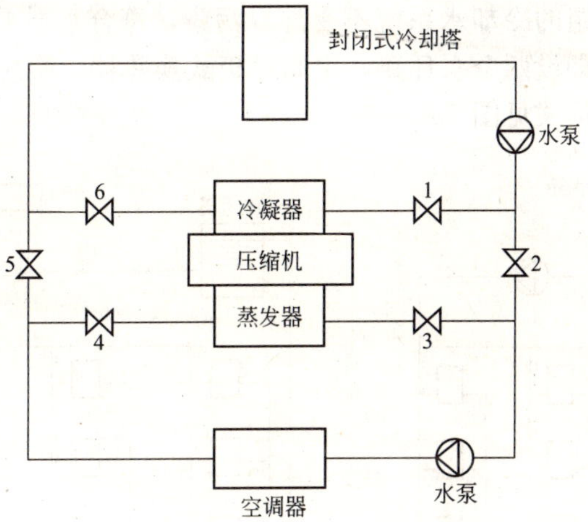

图 5-6 封闭式冷却塔直接供冷原理图

当过渡季节(春秋季节)室外空气湿球温度下降到某值时，阀 1、阀 3、阀 4、阀 6 关闭，阀 2、阀 5 开启，制冷机停止运行。从封闭式冷却塔出来的温度较低的冷却水充当冷冻水使用，直接进入空调器，承担冷负荷，吸收室内的热量，温度升高后的冷却水，靠冷冻水循环泵的作用，输送到封闭式冷却塔中，在封闭式冷却塔内降温的水再循环流到空调器。这个过程循环往复地进行，就可以给人们制造一个舒适的生活及工作环境。

有一办公楼[35]，空调设计冷负荷为1265kW，其春秋季节空调冷负荷分布列入表5-2。从表中可以看出，若在室外空气干湿球温度分别为8℃和6℃时转换为封闭式冷却塔供冷模式，将有总计约713677kWh的冷负荷由封闭式冷却塔供冷系统来负担，每年可使制冷机节省约1000h的运行时间，节约433万元的运行费用，经济效益相当显著。

空调冷负荷分布　　表5-2

干球温度(℃)	湿球温度(℃)	冷负荷(kW)	时间频率(h)	总冷负荷(kWh)	累计总冷负荷(kWh)
−14	−14	386.8	15		
−11	−12	439.5	36		
−8	−9	492.2	59		
−6	−7	545.0	93	50683.1	50683.1
−3	−4	597.7	156	93244.3	143927.4
0	−1	650.5	214	139198.4	283125.8
3	1	703.2	215	151188.0	434313.8
6	3	738.4	193	142503.5	576817.3
8	6	791.1	173	136861.3	713677.6

5.3.3 应用封闭式冷却塔的水环热泵系统

水环热泵空调系统作为一种高效节能技术已越来越受到用户的青睐，这种系统既可起到中央空调的作用，又可以分散灵活地布置，它具有系统简单、不需要庞大的制冷机房、分区灵活、维修保养方便、运行费用低等优点，因此这种系统特别适用于旧建筑物改造工程、层高较低的建筑物、建设中途改变功能与方案的建筑、无制冷主机房的建筑等。

为保证水环热泵机组的冷却水系统不受外界污染，符合水质要求，通常有两种方法：一是采用二次水系统，即设两个水环路，中间设板式换热器，系统形式见图5-7；二是采用封闭式冷却器，系统形式见图5-8。

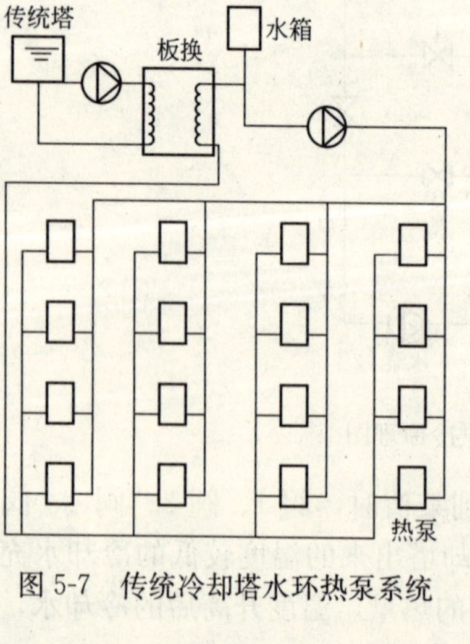

图5-7　传统冷却塔水环热泵系统

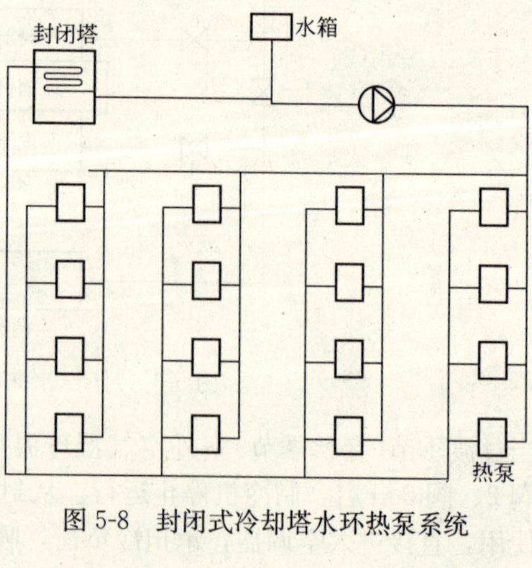

图5-8　封闭式冷却塔水环热泵系统

在图 5-7 中有两个水循环系统，其流程分别为：

高温侧：在设计条件下，35℃冷却水经空调器后，温度升至 40℃，由水泵加压送入水—水板式换热器，水温被降至 35℃，又重新进入空调器内。系统水的膨胀及补充由设在高位并连接在泵吸入端的膨胀水箱来实现。

低温侧：35℃的热交换器冷却水经冷却塔降至 31℃，由水泵加压后重新进入水—水板式换热器。

从上述分析可见，采用传统冷却塔与板式换热器的方案存在下列问题，首先，系统形式复杂，与封闭式冷却塔系统相比，多了水泵及换热器，系统初投资增加；其次，由于中间增加了板式换热器，所以，热交换效率降低，运行费用增加。若应用封闭式冷却塔，系统型式既简单，运行费用又低。

综上所述，空调用封闭式冷却塔有着传统冷却塔不具备的作用。因此，它将在节能、节水等方面发挥重要作用，展示了广阔的应用前景和巨大的市场潜力。

5.4　封闭式冷却塔数学模型的建立

5.4.1　假设条件

在空调用封闭式冷却塔中，既有传热，又有传质，情况十分复杂。为便于计算，给定一些假设条件，这些条件对水的蒸发冷却最终计算结果并无明显影响。假设条件如下：

1）对流换热系数、对流质交换系数、汽化潜热、湿空气的比热，在整个冷却过程中被看作常量，不随空气湿度及水温变化。

2）在冷却塔内由于水蒸气的分压力很小，对塔内压力变化影响也很小，所以，计算中以平均大气压力值来进行计算。

3）认为水膜或水滴的表面温度与内部温度一致，也就是不考虑水侧的热阻。

4）在热平衡计算中，由于蒸发水量很小，将蒸发的水量略去。

5）在水温变化不大的范围内，可将饱和水蒸气分压力及饱和空气焓与水温的关系假定为线性关系。

6）进入封闭式冷却塔的空气流量高于理论空气需要量。理论空气量是指在水的流量和最初温度不变的情况下，空气在水的表面上逆流而过，当到达全程终点时，恰好达到饱和的空气量。

7）只有在大面积水面的冷却条件下，辐射传热才起作用，在空调用封闭式冷却塔中，辐射传热可以忽略不计。

5.4.2　数学模型的建立

空调用封闭式冷却塔的传热过程为热量从冷却水经过壁面淋水传给空气。从喷淋水向空气的传热是依靠水的蒸发和对流换热两种形式而进行的。

空调用封闭式冷却塔冷却盘管截面上流体的传热情况如图 5-9 所示。

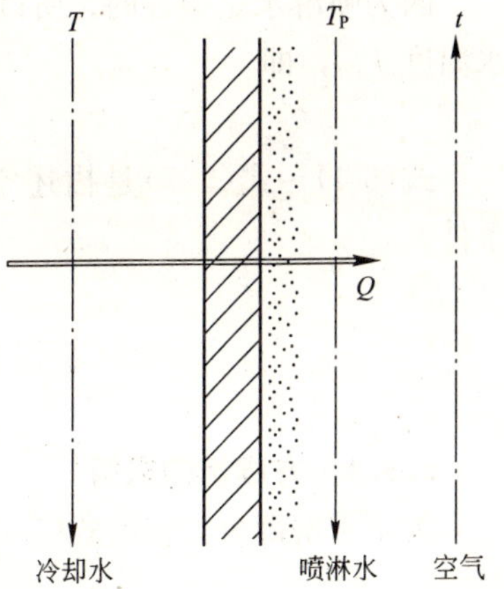

图 5-9　冷却塔截面上流体的传热情况

现取空调用封闭式冷却塔微元高度段 dx 来分析。

冷却水失去的热量为：

$$L \cdot C_L \cdot dT = -K_0 \cdot (T - T_P) \cdot dx \tag{5-1}$$

式中 dx——微元高度段的传热面积；

L——冷却水流量；

C_L——冷却水的比热；

K_0——以管外表面积为基准，从冷却盘管内到喷淋水的传热系数；

T_P——喷淋水的温度；

T——冷却水的温度。

喷淋水失去的热量为：

$$L_P \cdot C_p \cdot dT_P = -K_m \cdot (h_P - h) \cdot dx + K_0 \cdot (T - T_P) \cdot dx \tag{5-2}$$

式中 L_P——喷淋水流量；

C_P——喷淋水比热；

h_P——与喷淋水相对应的饱和湿空气的焓；

h——空气的焓；

K_m——传质系数。

空气得到的热量为：

$$G \cdot dh = -K_m \cdot (h_P - h) \cdot dx \tag{5-3}$$

式中 G——空气流量。

将式(5-1)～式(5-3)整理，得：

$$\frac{dT}{dx} = \frac{K_0}{L \cdot C_L} \cdot (T_P - T) \tag{5-4}$$

$$\frac{dT_P}{dx} = \frac{K_m}{L_P \cdot C_P} \cdot (h - h_P) - \frac{K_0}{L_P \cdot C_P}(T - T_P) \tag{5-5}$$

$$\frac{dh}{dx} = \frac{K_m}{G} \cdot (h - h_P) \tag{5-6}$$

h_P 是喷淋水温度的函数，即

$$h_P = f(T_P) \tag{5-7}$$

因为喷淋水是循环的，所以，在冷却塔顶部的喷淋水温度 T_{pi} 等于冷却塔底部的喷淋水温度 T_{P0}，即

$$T_{pi} = T_{P0} \tag{5-8}$$

式(5-4)～式(5-7)是描述空调用封闭式冷却塔特性的微分方程组，式(5-8)是边界条件。

5.5 微分方程组的求解

5.5.1 方程组的求解

为了求解微分方程组式(5-4)～式(5-7)，令：

$$a_1 = \frac{K_0}{L \cdot C_L}, \quad a_2 = \frac{K_m}{L_P \cdot C_P}, \quad a_3 = \frac{K_0}{L_P \cdot C_P}, \quad a_4 = \frac{K_m}{G}$$

则式(5-4)～式(5-6)可改写成下列形式：

$$\frac{dT}{dx}=a_1(T_P-T) \tag{5-9}$$

$$\frac{dT_P}{dx}=a_2\cdot(h-h_P)-a_3(T-T_P) \tag{5-10}$$

$$\frac{dh}{dx}=a_4\cdot(h-h_P) \tag{5-11}$$

设

$$y=T_P-T \tag{5-12}$$

$$Z=h-h_P \tag{5-13}$$

近似地将 h_P 看成是喷淋水温度 T_P 的一次函数，即：

$$\frac{dh_P}{dT_P}=m \tag{5-14}$$

上式可变换为：

$$\frac{dh_P}{dx}=m\frac{dT_P}{dx} \tag{5-15}$$

将式(5-12)、式(5-13)、式(5-15)代入式(5-9)～式(5-11)，得：

$$\frac{dy}{dx}+b_1y+b_2Z=0 \tag{5-16}$$

$$\frac{dZ}{dx}+b_3y+b_4Z=0 \tag{5-17}$$

式中， $b_1=(a_1+a_3)$， $b_2=-a_2$， $b_3=-ma_3$， $b_4=ma_2-a_4$

解方程组(5-16)及(5-17)，可得：

$$y=M_1^{e^{\psi_1 x}}+M_2^{e^{\psi_2 x}} \tag{5-18}$$

$$Z=\frac{-M_1(\psi_1+b_1)}{b_2}\cdot e^{\psi_1 x}-\frac{M_2(\psi_2+b)}{b_2}\cdot e^{\psi_1 x} \tag{5-19}$$

式中 ψ_1、ψ_2——方程(5-20)的根。

$$\psi^2+(b_1+b_4)\psi+(b_1b_4-b_2b_3)=0 \tag{5-20}$$

在封闭式冷却塔的上端 $x=0$ 处，边界条件为：

$$x=0;\ T=T_i,\quad T_P=T_{Pi},\quad h=h_0,\quad h_P=h_{pi}$$

代入式(5-18)、式(5-19)得：

$$(T_{Pi}-T_i)=M_1+M_2 \tag{5-21}$$

$$(h_0-h_{pi})=-\frac{M_1(\psi_1+b_1)}{b_2}-\frac{M_2(\psi_2+b_1)}{b_2} \tag{5-22}$$

在封闭式冷却塔的下部 $x=F_0$处，边界条件为：

$$x=F_0;\ T=T_0,\quad T_P=T_{P0}=T_{pi},\quad h=h_i,\quad h_P=h_{p0}=h_{pi}$$

代入式(5-18)、式(5-19)得：

$$(T_{pi}-T_0)=M_1e^{\psi_1F_0}+M_2e^{\psi_2F_0} \tag{5-23}$$

$$(h_i-h_p)=-\frac{M_1(\psi_1+b_1)}{b_2}\cdot e^{\psi_1F_0}+\frac{M_2(\psi_2+b_1)}{b_2}\cdot e^{\psi_2F_0} \tag{5-24}$$

由式(5-21)、式(5-23)得：

$$M_1=\frac{(T_{pi}-T_0)-(T_{pi}-T_i)e^{\psi_2 F_0}}{e^{\psi_2 F_0}-e^{\psi_1 F_0}} \tag{5-25}$$

$$M_2=\frac{(T_{pi}-T_0)-(T_{pi}-T_i)e^{\psi_1 F_0}}{e^{\psi_2 F_0}-e^{\psi_1 F_0}} \tag{5-26}$$

由式(5-22)、式(5-24)可得：

$$M_1=\left(\frac{-b_2}{\psi_1+b_1}\right)\cdot\left[\frac{(h_i-h_p)-(h_0-h_p)\cdot e^{\psi_2 F_0}}{e^{\psi_1 F_0}-e^{\psi_2 F_0}}\right] \tag{5-27}$$

$$M_2=\left(\frac{-b_2}{\psi_2+b_1}\right)\cdot\left[\frac{(h_i-h_p)-(h_0-h_p)\cdot e^{\psi_1 F_0}}{e^{\psi_2 F_0}-e^{\psi_1 F_0}}\right] \tag{5-28}$$

从式(5-25)、式(5-27)可得

$$T_0=T_{pi}-\frac{1}{\psi_1+b_1}\{[b_2(h_0-h_p)+(\psi_1+b_1)(T_{pi}-T_i)]e^{F_0\cdot\psi_2}-b_2(h_i-h_p)\} \tag{5-29}$$

从式(5-26)、式(5-28)可得：

$$T_0=T_{pi}-\frac{1}{\psi_2+b_1}\{[b_2(h_0-h_p)+(\psi_2+b_1)(T_{pi}-T_i)]e^{F_0\cdot\psi_1}-b_2(h-h_p)\} \tag{5-30}$$

因为，$T_{pi}=T_{p0}=T_p$

所以，式(5-29)、式(5-30)可进一步写成：

$$T_0=T_p-\frac{1}{\psi_1+b_1}\{[b_2(h_0-h_p)+(\psi_1+b_1)(T_p-T_i)]e^{F_0\cdot\psi_2}-b_2(h_i-h_p)\} \tag{5-31}$$

$$T_0=T_p-\frac{1}{\psi_2+b_1}\{[b_2(h_0-h_p)+(\psi_2+b_1)(T_p-T_i)]e^{F_0\cdot\psi_1}-b_2(h_i-h_p)\} \tag{5-32}$$

5.5.2 饱和湿空气焓与喷淋水温度的关系

公式(5-7)是与喷淋水温度相对应的饱和湿空气的焓 h_p 与喷淋水温度 T_p 之间的函数关系，表5-3给出了两者之间的对应值。在空调用封闭式冷却塔中，一般 $T_p=21\sim32$℃，为便于应用，回归出了 h_p 与 T_p 的具体函数关系式，即

$$h_p=-35.08+4.48T_p \tag{5-33}$$

饱和湿空气焓值 **表5-3**

温度(℃)	10	11	12	13	14	15	16	17	18	19	20	21
焓值(kJ/kg)	29.2	31.5	34.1	36.6	39.2	41.8	44.8	47.7	50.7	54.0	57.8	61.1
温度(℃)	22	23	24	25	26	27	28	29	30	31	32	33
焓值(kJ/kg)	64.1	67.8	72.0	75.8	80.4	84.6	89.2	94.2	99.7	104.7	110.1	116.0
温度(℃)	34	35	36	37	38	39	40	41	42	43	44	45
焓值(kJ/kg)	122.3	129.0	135.7	142.4	149.5	157.4	165.8	174.2	183.0	192.2	202.2	212.7
温度(℃)	46	47	48	49	50	51	52	53	54	55	56	57
焓值(kJ/kg)	223.6	235.3	247.0	260.0	273.4	288.3	303.2	319.0	335.7	353.5	372.0	391.7

在已知 b_1、b_2、ψ_1、ψ_2、h_i、h_0、T_i、F_0 的条件下，联立求式(5-31)、式(5-32)、式(5-33)即可求出冷却水出口温度 T_0、喷淋水温度 T_p。

同时，从式(5-31)～式(5-33)可以看出，空调用封闭式冷却塔冷却水出口温度是入口空气湿球温度、喷淋水循环量、喷淋水温度、空气流量、冷却水流量、冷却水进口温度的函数。

5.6 冷却水出口温度的计算步骤

利用式(5-31)、式(5-32)计算冷却塔出口水温可按下列步骤进行：

1) 求空气入口焓值。根据当地空气干球温度、湿球温度，查文献[3]，可得空气入口焓值 h_i。

2) 查系数。依据封闭式冷却塔的传热、传质特点，查文献[40，41]，得传热系数 k_0、传质系数 k_m。

3) 求空气出口焓值。首先假定冷却水出口温度 T_0，则冷却负荷 $Q=L\cdot C_L\cdot(T_0-T_i)$，出口焓值 $h_0=h_i+Q/G$。

4) 求参数 a_i。由 L、L_P、G、C_L、C_P、k_0、k_m 可求出 $a_1=k_0/(L\cdot C_L)$，$a_2=k_m/(L_p\cdot C_p)$，$a_3=k_0/(L_p\cdot C_p)$，$a_4=k_m/G$。

5) 求 m 值。假定喷淋水温度范围 ΔT，由表5-2查得对应焓值，求出焓差 Δh，则 $m=\Delta h/\Delta T$。

6) 计算 b_i。由 a_1、a_2、a_3、a_4、m，可求出 $b_1=a_1+a_3$，$b_2=-a_2$，$b_3=-ma_3$，$b_4=ma_2-a_4$。

7) 求 ψ_i。在 b_1、b_2、b_3、b_4 已知的基础上，可利用下列两式分别求出 ψ_1、ψ_2。

$$\psi_1=\frac{1}{2}\{(-b_1+b_4)+[(b_1+b_4)^2-4(b_1b_4-b_2b_3)]^{\frac{1}{2}}\} \tag{5-34}$$

$$\psi_2=\frac{1}{2}\{(-b_1+b_4)-[(b_1+b_4)^2-4(b_1b_4-b_2b_3)]^{\frac{1}{2}}\} \tag{5-35}$$

8) 求冷却水出口温度。由于冷却盘管面积 F_0、冷却水入口温度 T_i 已知，其他参数也已求出，故可分别应用式(5-31)、式(5-32)计算冷却水出口温度 T_0。

若应用式(5-31)、式(5-32)分别求出的冷却水出口温度与设定值不一致(超出工程误差允许范围)，则需重新设定冷却水出口温度及喷淋水温度，直至两式的计算值与设定值基本相等(在工程误差允许范围之内)为止。

上述过程应用计算机来完成，就比较容易了。

5.7 小 结

本章首先介绍了作者研制的空调用封闭式冷却塔的结构，它主要由冷却盘管、喷嘴、风机、挡水板、喷淋排管、进风百叶窗、风筒、出风口、外壳、底池等部分组成。随后，阐述了封闭式冷却塔的工作原理，对比分析了封闭式冷却塔的10个突出特点，展望了它的应用前景。与传统冷却塔相比，其本质上的区别在于在封闭式冷却塔中，冷却水与外界不接触，而是通过间接蒸发冷却降低冷却水的温度。

为了定量研究空调用封闭式冷却塔的特性，利用微积分理论及热量平衡原理，建立了封闭式冷却塔的数学模型，在这个数学模型中，影响封闭式冷却塔性能的因素，如冷却水进出口温度、空气湿球温度、冷却水量、空气流量、喷淋水量、喷淋水温度均得到了客观反映。进而，利用饱和湿空气焓值与喷淋水温度之间的函数关系及变量替换的方法，得到了微分方程的解析解，并详细说明了计算步骤。

第 6 章　封闭式冷却塔的实验研究

上一章介绍了空调用封闭式冷却塔的结构及计算方法，对封闭式冷却塔进行深入研究时需要有性能实验数据，通过对封闭式冷却塔实验获得可靠的实验数据是研究封闭式冷却塔的一个重要方面。

对新设计的封闭式冷却塔实验的目的是研究其运行性能，例如确定冷却能力，流过冷却塔的冷却水、喷淋水、空气等介质冷却和受热的程度，流动阻力的大小、冷却效率系数的高低等，通过测试确定这些参数是否达到了设计要求。为了获得这些特性，在实验前应明确三个问题：第一，在实验装置上应该布置测量哪些物理量？第二，实验完毕应该如何处理实验结果？第三，处理后的实验结果如何推广应用？

6.1　实　验　装　置

为了深入研究空调用封闭式冷却塔的动态热力特性和阻力特性，验证数学模型的可靠性，为今后设计冷却塔提供依据，在山东省平度市三合环保设备厂建立了空调用封闭式冷却塔性能实验台。

空调用封闭式冷却塔实验装置如图 6-1 所示。由蒸汽锅炉产生的蒸汽，经换热器换成热水后，靠冷却水循环泵，将其输送到封闭式冷却塔中，充当冷却塔的热负荷，从冷却塔流出的温度较低的水，再回到换热器吸取热量、升温，进而再流入封闭式冷却塔。此过程周而复始地进行，就可以模拟封闭式冷却塔的实际运行状态。

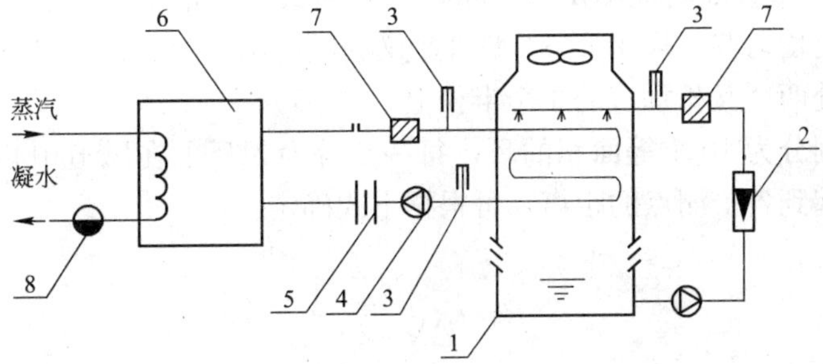

图 6-1　封闭式冷却塔实验装置示意图

1—DBL-20(2)型封闭式冷却塔；2—LZB-25 型转子流量计；3—分度值为 0.1℃的精密水银温度计；
4—65DL×2 型冷却水泵；5—配有 DBC-312A 型差压变送器的孔板流量计；
6—FK0.35-60/50 型换热器；7—Y 型过滤器；8—疏水器

6.2 实验方法

6.2.1 实验条件

根据空调用封闭式冷却塔的实际运行环境，将实验安排在夏季最热月进行。为使测试数据有代表性，实验在非雨天且风速小于4m/s的环境下进行。

6.2.2 实验方法

1）大气压：采用DYM-3型空盒式大气压力表测量。

2）空气干、湿球温度：采用HS1-1型遥测通风干湿球温度表，温度表精度为±0.2℃，通过感温元件的风速2～3m/s。

在冷却塔每一侧设2个测点，干、湿球温度表安装在距冷却塔4m，高2m的百叶窗内，以避免阳光直接照射。

3）冷却水水温：采用玻璃棒式标准温度计测量，型号为DSM-2，温度计的精度为±0.1℃。进、出水温度的测点均选择在靠近封闭式冷却塔的进、出水管上。

4）风速、风向：采用DEM轻便三杯风速风向表测量，风速、风向计离地面2m，垂直放置。

5）噪声：采用NDI型精密声级计测量，传声器前设有防风罩，以防止风噪声影响测量结果。测点布置在风机排风筒外，与水平面夹角45°斜线上，距风筒出口边缘的水平距离等于风机直径处，测定内容是A档总声压级值。

6）冷却水量：采用配有DBC-312A型差压变送器的孔板流量计测量。测点前有15倍管道直径的直管段，测点后有10倍管道直径的直管段，在此直管段范围内无阀门。

7）水量：采用LZB-25型转子流量计测量喷淋水流量，精度等级2.5，转子流量计安放在冷却塔一侧的立管上。

8）空气量：为了较准确地测出空气量，在封闭式冷却塔上部出风口处，再接一段风管，让气流分布更均匀些。采用EY-1型风速仪测风筒出口处等面积环各点风速值，测点布置在风筒出口处两个互相垂直的4个半径上。

将管道断面划分为10个等面积的环，每一个等面积环上在风道中心的两侧各有一个测点，从中心点起到各个测点的距离，可根据下式确定：

$$R_n = R\sqrt{\frac{2n-1}{2m}} \tag{6-1}$$

式中 R——测点处风管内半径；

n——从管道中心算起测点的编号；

m——划分等面积环的数目。

9）空气侧的阻力：采用全压测头和DJM-2型补偿式微压计测量空气侧的阻力，全压测点布置在所测部位的上下，将各测头单独引至微压计。

6.3 实验数据的整理

6.3.1 有效数据的判定

在完成空调用封闭式冷却塔性能测试之后，对测试数值进行了整理。

检查各测试工况范围的热负荷、水量是否稳定，读数值的变化是否在测试条件允许变化范围内，应用拉依达准则检查测试数据有无坏值，如数据有异常变化，分析原因并删去此工况点。

将同一工况内各项参数的读数值进行算术平均。

对选用的测试工况应作热平衡计算，并选取热平衡误差小于±5%的工况点作为有效工况点[2]，计算公式为：

水所放出的热量：

$$Q_S = L \cdot C_L \cdot (T_\tau - T_0) \tag{6-2}$$

空气所吸收的热量：

$$Q_K = G(h_0 - h_i) \tag{6-3}$$

根据热平衡原理，水所放出的热量全部被空气所吸收，即 $Q_S = Q_K$，但由于测量上的误差，$Q_S \neq Q_K$，即有一热平衡误差，以 ΔQ 表示。

$$\Delta Q = \frac{Q_S - Q_K}{Q_S} \times 100\% \tag{6-4}$$

计算中的 L、G、T_i、T_0、h_i 均为实测数值。由于出冷却塔空气干球温度一般不易测准，出冷却塔空气的焓 i_2，可用出冷却塔空气湿球温度时的饱和空气焓来代替。

6.3.2 数据的整理

1）进塔空气相对湿度 φ_i：

$$\varphi_i = \frac{P''_\tau - 0.000622 \cdot B \cdot (t - \tau)}{P''_{t1}} \tag{6-5}$$

式中 P''_τ——进塔空气在湿球温度 τ 时的饱和蒸汽压力，Pa；

P''_{t1}——进塔空气在干球温度 t_1 时的饱和蒸汽压力，Pa；

B——大气压力，Pa。

饱和蒸汽压力在 0～100℃时，可按下式计算：

$$P'' = 760 \times 133.332 \times 10^{NC} (\text{Pa}) \tag{6-6}$$

式中，

$$\begin{aligned} NC = & 10.79574\left(1 - \frac{273.16}{t_b}\right) - 5.028\lg\left(\frac{t_b}{273.16}\right) \\ & + 1.50475 \times 10^{-4} \times \left[1 - 10^{-8.2969\left(\frac{t_b}{273.16} - 1\right)}\right] \\ & + 0.42875 \times 10^{-3} \times \left[10^{4.76955\left(1 - \frac{273.16}{t_b}\right)}\right] \\ & - 2.2195768 \end{aligned} \tag{6-7}$$

$$t_b = 273.15 + t (℃) \tag{6-8}$$

2）进塔空气密度 ρ_i：

湿空气

$$\rho_{is} = 0.003483 \frac{B}{273.15 + t} - 0.001316 \frac{P_g}{273.15 + t} \tag{6-9}$$

式中 P_g——干空气压力，Pa。

干空气
$$\rho_{ig}=\frac{B-\varphi_1 P''_{t1}}{287.1} \tag{6-10}$$

3）进塔空气的焓值 h_i：

$$h_i=1.005t_1+(2500.8+1.842t_1)\times\frac{0.622P''_{t1}}{B-\varphi_1 P''_{t1}} \tag{6-11}$$

4）出塔空气的焓值：

$$h_0=h_i+\frac{L\cdot C_L\cdot(T_i-T_0)}{G} \tag{6-12}$$

5）饱和空气的焓 h''：

$$h''=1.005t+(2500.8+1.842t)\times\frac{0.622P''_\tau}{B-P''_\tau} \tag{6-13}$$

6）冷却能力 Q_s：

$$Q_s=L\cdot C_L\cdot(T_i-T_0) \tag{6-14}$$

6.3.3 部分实验数据一览表

表6-1～表6-3列出了对DBL-20(2)(以光滑铜管作为冷却盘管)空调用封闭式冷却塔的测试结果整理后的数据。表6-1是在冷却水量、空气量、喷淋水量设计条件下的实验结果；表6-2是将空气量减少50%后的测试结果；表6-3是将喷淋水循环量减少50%在的测试结果。

实验数据一览表(一) 表6-1

时刻	大气压(kPa)	干球温度(℃)	湿球温度(℃)	焓值(kJ/kg)	冷却水量(t/h)	入口水温(℃)	出口水温(℃)	空气流量(t/h)	喷淋水量(t/h)	喷淋水温(℃)
9:00	101.3	26.0	25.0	77.0	20.1	36.7	30.7	30.5	9.1	28.1
9:30	101.3	26.5	25.2	77.7	20.1	36.8	30.7	30.4	9.1	28.1
10:00	101.3	27.1	25.6	78.3	20.0	36.9	30.8	30.6	9.0	28.1
10:30	101.3	27.8	25.8	79.5	20.2	36.9	30.7	30.8	9.0	28.2
11:00	101.3	28.5	26.0	80.1	20.3	37.1	31.1	30.8	8.9	28.2
11:30	101.3	29.2	26.6	82.4	20.1	37.1	31.7	30.7	8.8	28.2
12:00	101.3	30.0	27.0	84.5	20.1	37.2	32.0	30.7	8.8	28.4
12:30	101.3	30.3	27.4	86.5	20.2	37.2	32.1	30.1	9.0	28.4
13:00	101.3	31.0	27.8	88.5	20.3	37.3	32.2	30.2	9.0	28.5
13:30	101.3	31.2	27.4	88.2	20.1	37.3	32.2	29.8	9.0	28.6
14:00	101.3	31.5	27.0	85.0	19.9	37.4	32.1	29.8	9.1	28.8
14:30	101.3	31.7	25.7	78.4	19.8	37.5	31.7	29.7	9.2	28.8
14:00	101.3	31.5	27.0	85.0	19.9	37.4	32.1	29.8	9.1	28.8
14:30	101.30	31.7	25.7	78.4	19.8	37.5	31.7	29.7	9.2	28.8
15:00	101.3	22.0	24.0	72.3	19.9	37.5	31.5	29.7	9.2	28.9
15:30	101.3	32.1	23.2	17.9	18.8	37.3	31.2	30.5	9.1	29.1
16:00	101.4	32.3	23.8	71.5	20.0	37.3	31.1	30.5	9.1	23.1

续表

时刻	大气压(kPa)	干球温度(℃)	湿球温度(℃)	焓值(kJ/kg)	冷却水量(t/h)	入口水温(℃)	出口水温(℃)	空气流量(t/h)	喷淋水量(t/h)	喷淋水温(℃)
16：30	101.3	31.7	24.2	72.1	20.2	37.2	31.2	30.7	8.9	29.1
17：00	101.2	31.2	25.5	77.3	20.3	37.2	31.4	30.7	8.9	29.4
17：30	101.3	30.8	25.0	76.8	20.4	37.1	31.1	30.9	8.8	29.4
18：00	101.3	30.5	24.3	73.5	20.4	37.1	31.2	30.9	8.8	29.7
18：30	101.3	30.0	23.7	71.8	20.3	37.0	31.3	30.7	8.8	29.7

注：冷却塔型号：DBL-20(2)；实验条件：设计工况。

实验数据一览表(二) **表 6-2**

时刻	大气压(kPa)	干球温度(℃)	湿球温度(℃)	焓值(kJ/kg)	冷却水量(t/h)	入口水温(℃)	出口水温(℃)	空气流量(t/h)	喷淋水量(t/h)	喷淋水温(℃)
9：00	101.2	24.0	23.0	72.0	19.8	37.4	34.0	15.5	8.8	29.1
9：30	101.3	25.0	23.4	74.7	19.9	27.4	34.0	15.7	8.9	29.1
10：00	101.3	25.5	24.0	77.2	19.8	37.3	34.1	15.0	9.1	29.1
10：30	101.3	26.2	24.2	73.1	19.7	37.3	34.2	14.9	9.1	29.3
11：00	101.4	26.5	24.5	74.5	19.8	37.2	34.2	15.3	9.2	29.3
11：30	101.4	27.5	24.7	75.0	19.9	37.2	34.3	15.2	9.3	29.3
12：00	101.4	27.5	24.8	75.5	20.1	37.1	34.3	15.4	9.3	29.5
12：30	101.3	27.8	24.6	74.8	20.2	37.1	34.4	15.5	9.3	29.5
13：00	101.3	28.0	24.0	72.5	20.1	37.0	34.4	15.1	9.4	29.7
13：30	101.3	28.1	24.2	73.1	20.3	37.0	34.5	14.8	9.4	29.7
14：00	101.3	28.2	26.0	80.5	20.4	37.0	34.0	14.7	9.4	30.0
14：30	101.3	28.3	25.7	77.5	20.1	37.0	34.1	14.9	9.4	30.2
15：00	101.3	28.5	25.8	77.5	20.2	36.9	34.1	15.3	9.5	30.2
15：30	101.3	27.8	25.9	80.0	19.9	36.9	34.2	15.4	9.5	30.2
16：00	101.3	27.5	26.0	80.5	21.0	36.8	34.2	15.2	9.5	30.4
16：30	101.3	27.3	25.7	78.5	20.3	36.8	34.2	15.6	8.9	30.4
17：00	101.3	27.0	25.0	76.0	19.7	36.6	34.0	15.7	8.9	30.4
17：30	101.3	26.8	25.3	77.9	20.3	36.6	34.0	15.8	8.8	30.5
18：00	101.3	26.5	25.5	79.0	19.7	36.5	34.0	15.0	8.8	30.5
18：30	101.3	25.9	25.0	76.0	20.2	36.5	34.1	14.9	8.8	30.5

注：冷却塔型号：DBL-20(2)；实验条件：改变空气流量。

实验数据一览表(三) **表 6-3**

时刻	大气压(kPa)	干球温度(℃)	湿球温度(℃)	焓值(kJ/kg)	冷却水量(t/h)	入口水温(℃)	出口水温(℃)	空气流量(t/h)	喷淋水量(t/h)	喷淋水温(℃)
9：00	101.3	22.0	210	62.0	20.3	36.5	32.2	30.6	4.6	29.9
9：30	101.3	22.5	21.1	63.1	20.3	36.5	38.2	30.5	4.6	29.9
10：00	101.3	23.0	21.2	67.5	20.2	36.6	32.3	30.1	4.6	29.9
10：30	101.3	23.6	22.0	69.4	20.2	36.6	32.3	29.9	4.4	30.0

续表

时刻	大气压(kPa)	干球温度(℃)	湿球温度(℃)	焓值(kJ/kg)	冷却水量(t/h)	入口水温(℃)	出口水温(℃)	空气流量(t/h)	喷淋水量(t/h)	喷淋水温(℃)
11：00	101.3	24.0	23.0	70.5	20.1	36.7	32.3	29.8	4.4	30.0
11：30	101.3	24.6	23.5	70.9	20.2	36.7	32.4	29.7	4.4	30.2
12：00	101.3	25.2	23.8	71.0	20.1	36.8	32.5	29.5	4.7	30.2
12：30	101.3	25.6	24.2	73.2	20.3	36.8	32.6	29.6	4.7	30.3
13：00	101.1	26.0	23.5	71.8	20.4	36.9	32.7	29.7	4.7	30.4
13：30	101.3	26.3	23.6	71.2	20.1	36.9	32.7	29.7	4.8	30.4
14：00	101.3	26.5	23.8	67.0	20.2	37.0	32.7	29.8	4.8	30.6
14：30	101.3	26.8	24.0	77.1	20.4	32.0	38.8	30.5	4.9	30.6
15：00	101.3	27.0	24.5	74.0	20.2	37.1	38.8	30.6	4.9	30.6
15：30	101.3	26.7	24.3	73.1	20.3	37.1	38.8	30.4	4.9	30.7
16：00	101.3	26.5	24.0	72.0	20.2	37.2	38.9	30.3	5.0	30.7
16：30	101.3	26.4	23.8	71.7	20.4	37.2	32.9	30.7	5.0	30.7
17：00	101.3	26.2	23.7	71.2	20.1	37.2	32.0	30.8	5.0	30.8
17：30	101.3	26.0	23.5	70.5	20.3	37.4	32.0	30.8	4.8	30.8
18：00	101.3	25.8	23.0	68.6	20.4	37.4	32.0	29.8	4.8	30.8
18：30	101.3	25.2	22.5	67.8	20.5	37.5	32.1	29.7	4.8	30.8

注：冷却塔型号：DBL-20(2)；实验条件：改变喷淋水量。

6.4 小 结

本章首先介绍了空调用封闭式冷却塔性能实验装置，这个实验装置包括：热源(用于模拟冷却塔的热负荷)、温度测量仪表、大气压力测量仪表、水流量测量仪表、空气流量测量仪表、噪声测量仪表等。为使实验能准确反映冷却塔的性能，提出了实验必备的条件，阐明了实验的方法。

阐述了对实验数据进行分析、归纳、整理的方法，为使实验数据具有代表性，以冷却水放出的热量与空气吸收的热量基本相等为判据，对各工况条件下的实验数据进行了检验，利用已测得的数据和参数之间的函数关系，求出了其他参数。最后，给出了3种变工况(空气湿球温度、空气流量、喷淋水量变化)条件下参数的实测数据。

第 7 章　封闭式冷却塔的动态特性

本章主要讨论封闭式冷却塔的动态特性，空调用封闭式冷却塔的特性是指它运行时冷却能力或冷却水出口温度与有关参数之间的关系，空调用封闭式冷却塔的特性随空气湿球温度、空气流量、喷淋水量等参数的变化而变化。研究空调用封闭式冷却塔的特性，对于设计和使用这种新型冷却塔，使其获得最佳的冷却效果，具有重要意义。

7.1　特性曲线的绘制依据

为了直观反映空调用封闭式冷却塔的特性，便于观察其他参数变化时对其性能的影响，探讨冷却能力或冷却水出口温度与其他参数之间的内在变化规律，特将前面几章研究的主要结果绘于直角坐标上。

本章图中冷却水出口温度计算值是指应用式(5-31)、式(5-32)计算出来的值，即：

$$T_0-T_{\mathrm{p}}\quad\frac{1}{\psi_1+b_1}\{[b_2(h_0-h_{\mathrm{p}})+(\psi_1+b_1)(T_{\mathrm{P}}-T_i)]e^{\mathrm{F}_0\cdot\psi_2}-b_2(h_i-h_{\mathrm{P}})\}\quad(℃)\qquad(7\text{-}1)$$

$$T_0=T_{\mathrm{p}}-\frac{1}{\psi_2+b_1}\{[b_2(h_0-h_{\mathrm{p}})+(\psi_2+b_1)(T_{\mathrm{P}}-T_i)]e^{\mathrm{F}_0\cdot\psi_1}-b_2(h_i-h_{\mathrm{P}})\}\quad(℃)\qquad(7\text{-}2)$$

封闭式冷却塔的冷却能力(冷却负荷)是指冷却水在冷却塔内放出的热量或空气吸收的热量，用下式计算：

$$Q=L\cdot C_{\mathrm{L}}\cdot(T_i-T_0)=G(h_0-h_i)\quad(\mathrm{kW})\qquad(7\text{-}3)$$

封闭式冷却塔的实际运行曲线是利用实验条件下所测得的数据(见表 6-1～表 6-3)绘制出来的。

7.2　湿球温度与冷却能力的关系

图 7-1、图 7-2 为空气湿球温度变化时，空调用封闭式冷却塔冷却水出口温度、冷却能力变化曲线。

在实验过程中发现，当环境空气的干球温度变化时，空调用封闭式冷却塔冷却水出口温度、冷却能力变化不大。但在阴天时，即空气干球温度、湿球温度接近时，封闭式冷却塔的冷却能力将明显下降。这是因为：湿球温度升高，逐渐接近干球温度时，空气的水蒸气分压力增大，质传递的推动力减小。因此，冷却塔内水的蒸发量减小，蒸发散热量少，冷却水温降低，导致冷却水出口温度升高，冷却能力减弱。在晴天时，干球温度与湿球温度相差较大，空气比较干燥，空气中水蒸气分压力小，质交换的推动力增大，冷却塔内水的蒸发速度加快，蒸发散热量增大，冷却效果好，冷却水出口温度低，冷却能力增强。

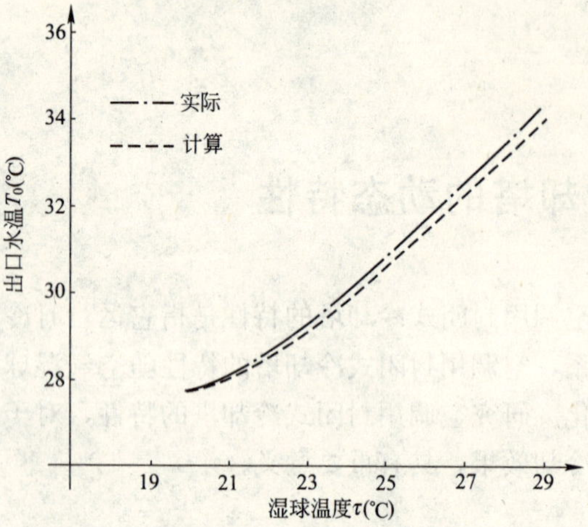

图 7-1 湿球温度与冷却水出口温度的关系

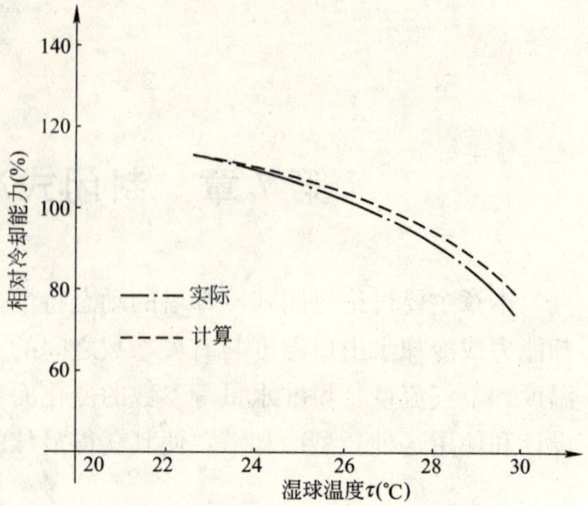

图 7-2 湿球温度与冷却能力的关系

这种现象也可以用下面的公式来解释。因为，空气焓值是湿球温度的单值函数，在空调设计标准天中，两者之间的关系可用下式表达：

$$h_i=1.01\tau+3.9943129e^{0.0648236\tau}\times(2.5+0.00184\tau) \quad (7\text{-}4)$$

根据封闭式冷却塔的传热特点：

$$Q_s=L\cdot C_L\cdot(T_i-T_0) \quad (7\text{-}5)$$

$$Q_k=G\cdot(h_0-h_i) \quad (7\text{-}6)$$

由热平衡知，

$$Q_s=Q_k \quad (7\text{-}7)$$

所以，

$$Q_s=G(h_0-h_i) \quad (7\text{-}8)$$

$$L\cdot C_L\cdot(T_i-T_0)=G\cdot(h_0-h_i) \quad (7\text{-}9)$$

在图 7-2 中，相对冷却能力定义为封闭式冷却塔的实际冷却能力与设计标准条件下的冷却能力之比。

由式(7-1)、式(7-5)可见，湿球温度升高，空气的焓值增大，冷却能力减小。

由式(7-1)、式(7-5)可知，湿球温度升高，空气的焓值增大，冷却塔出口温度增大。

因此，封闭式冷却塔在干球温度与湿球温度相差较大的地方运行，其性能更佳。

7.3 空气流量与冷却能力的关系

量变化对冷却能力的影响见图 7-3。从图中可见，空气流量增大，冷却能力增强，冷却效果提高。这是因为，空气流量增大，可及时将喷淋水蒸发变成的水蒸气带走，使冷却盘管周围的水蒸气分压力降低，以利于后来喷淋水的蒸发。但风量也不宜过大，若风量过大，水的飘逸量将随之增加，不利于节约用水；同时，风机的耗电量也将增加。从公式(7-8)可见，当空气流量增大时，冷却能力也随之增大，同时，从图中也可以看出，当空气流量增加或减小到一定值后，冷却塔冷却能力的变化就非常缓慢了。因此，采用过大或过小的空气流量都是不适宜的。由图 7-3 可见，在设计标准条件下，空气流量为 3×10^4 kg/h，而在此条件下冷却塔的冷却能力为 $4.1868\times2\times10^4\times5/3600=116.3$kW，为便于应用，将空气流量按冷却能力来折算，其值为 $3\times10^4/11.6\approx260$kg/(kWh)，因此，空调用封闭式冷却塔空气流量控制在 260kg/(kWh)左右为宜。

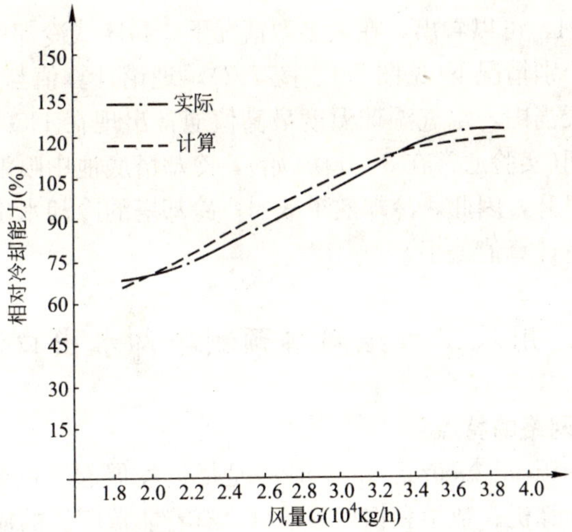

图 7-3 空气流量对冷却能力的影响

7.4 喷淋水量与冷却能力的关系

图 7-4 是空调用封闭式冷却塔的冷却能力随喷淋水流量变化的特性曲线。从图中可以看出，冷却能力的大小是随着喷淋水量的多少而变化的，喷淋水量越多，冷却效果越好，但到达一定量后，再增大喷淋水量，对冷却效果的影响却变得很小，况且，喷淋水量过多，水泵耗电量也将随之增大。更重要的是，喷淋水量增大，空气侧的流动阻力将显著增加，随之带来的是风机的耗电量也随之增大。喷淋水量减小，冷却能力降低，但当喷淋水量减小到一定值时，对冷却能力的影响就比较微弱了。由图 7-4 可见，在设计标准条件

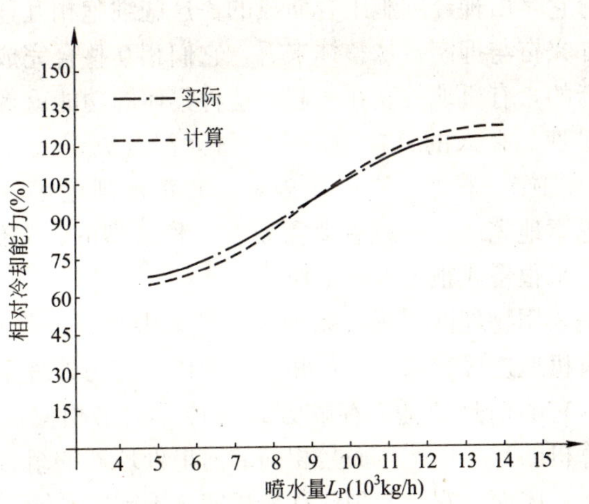

图 7-4 喷淋水量对冷却能力的影响

下，喷淋水量为 9×10^3kg/h，而此时冷却塔的冷却能力为 116.3kW，将喷淋水量按冷却能力来折算，其值为 $9\times10^3/11.63\approx80$kg/(kWh)=0.08$m^3$/(kWh)。因此，封闭式冷却塔喷淋水量控制在 0.08m^3/(kWh)左右为宜。

综观图 7-1～图 7-4，可以看出，在大多数情况下，封闭式冷却塔的理论计算值与实际测试值比较吻合，在个别情况下(见图 7-1、图 7-2)，理论计算值与实测值有一定的差异。这主要是因为，在一天当中，空气湿球温度最高值通常出现在 11：00 左右，而这时冷却塔已经运行了一段时间(实验通常在 8：00 开始)，冷却塔底池中喷淋水的温度已经较刚开始运行时有了较大的温升，因此，冷却效果减弱，冷却塔的冷却水出口温度较理论计算值偏高，冷却能力较理论计算值偏小。

7.5 用人工神经网络预测冷却水出口温度

7.5.1 人工神经网络的特点

人工神经网络(Artificial Neural Networks)是最近发展起来的十分热门的交叉学科，它涉及生物、电子、计算机、数学和物理等学科，有着非常广泛的应用背景，这门学科的发展对目前和未来的科学技术发展将有重要的影响。

长期以来，人们想方设法了解人脑的功能，用物理课实现的系统去模拟人脑，完成类似于人脑的工作。计算机就是采用电子元件的组合来完成人脑的某些记忆、计算、判断功能的物理系统。用机器代替人脑的部分劳动是当今科学技术发展的重要标志。现代计算机中每个电子元件的计算速度为纳秒级，人脑中每个神经细胞的反应时间只有毫秒级。这样，似乎计算机的运算能力应为人脑的几百万倍。可是，到目前为止，计算机在解决信息初级加工时，如视觉、听觉、嗅觉，这类简单的感觉识别上却十分迟钝。人在识别文字、图像、声音等方面的能力大大超过计算机，现代计算机要花几十分钟，甚至几小时才能完成的识别任务，人只要零点几秒就可以完成了。同样，在机器上控制、人工智能、思维、直觉等方面，就更无法与人相比了。人们希望去追求一种新型的计算机系统，它既有超越于人的计算能力，又类似于人的识别、智能、联想的能力。

从人脑的结构看，它是由神经细胞组合而成的，这些细胞相互连接，每个细胞完成其中某一种基本功能，如兴奋与抑制。从整体来看，它们相互整合完成一种复杂的计算思维活动，这些工作是并行的，有机地关联在一起，这种集体的功能就像用透镜得到图像的傅里叶变换一样，十分迅速。在人的日常生活中，每天都有成千上万的信息需要大脑来处理，一个简单的动作，如端一杯水、打一个电话，就牵涉到记忆、学习和相位变换等功能，而人却可以不假思索地完成。这就说明需要有一种新型的、类似于人脑结构的系统，来完成那些计算机做起来很慢或很困难的工作。

人工神经网络就是采用物理课实现的系统来模仿人脑神经细胞的结构和功能的系统。它是由很多处理单元有机地连接起来，进行并行的工作，它的处理单元十分简单，其工作则是“集体”进行的，它的信息传播，存贮方式与神经网络相似，它没有运算器、存贮器、控制器等现代计算机的基本单元，而是相同的简单处理器的组合。它的信息是存贮在处理单元之间的连接上，因而，它是与现代计算机完全不同的系统。

一个神经细胞主要包括细胞体、树突、轴突和细胞之间相互关联的突触。

细胞体是由细胞核、细胞浆、细胞膜等组成。在高等动物的神经细胞中，除了特殊的无“轴突”神经元外，一般每个神经元都由胞体的轴丘处发出一根粗细均匀、表面光滑的突起，长度从几个微米到一米左右，称为轴突。它的功能是传出从细胞体来的神经信息。树突为细胞体向外伸出的很多其他突起，它们像树枝一样向四处分散开来，在胞体附近比轴突粗得多，但离开细胞体不远分支马上变细，形成无数粗细不等的树突。它们的作用是向四方收集由其他神经细胞来的信息。信息流是从树突出发，经过细胞体，然后，由轴突输出。突触是由两个细胞之间连接的基本单元，主要有：

1）一个神经细胞的轴突与另一个神经细胞的树突发生接触；

2）一个神经细胞的轴突与另一个神经细胞的胞体接触。

突触包括两个部分：

一个为突触前成分，表示在轴突的末梢；

一个是突触后成分，为树突的始端，或细胞体与轴突末端接触的部分。

根据突触对下一个神经细胞的功能活动的影响，突触又可分为兴奋性的和抑制性的两种。兴奋性的突触：当神经细胞有冲动传递时，它能使突触后成分去极化，产生兴奋性突触后电位，可能引起下一个神经细胞兴奋，抑制性的突触能使突触后成分超级极化，产生抑制突触后电位，使下一个神经细胞抑制。

神经细胞的种类很多，根据功能特性可以分为传入(感觉)神经细胞，中间(联络)神经细胞和传出(运动)神经细胞。

神经细胞单元的信息是宽度和幅度都相同的脉冲串。脉冲串的间隔是随机变化的，如某个神经细胞兴奋，其突触输出的脉冲串在单位时间的平均频率高(即发放频率高)。如神经细胞抑制时，脉冲发放率少，甚至无脉冲发放。每个神经细胞的输出脉冲发放率是与别的和它相联的神经细胞的发放情况及它们和该神经细胞突触连接情况有关。信息传递在突触处主要是发生化学和电的变化(这里主要考虑化学变化)，即在化学突触的传递过程中，突触前成分囊泡里的神经递质被释放到突触后膜，化学传递的突触传递神经冲动是通过释放神经递质来实现的。当脉冲到来时，储存在突触囊泡内的神经递质进行排放，这样改变了突触后膜对钠离子、钾离子和氯离子的通透性，使突触后神经细胞相应发生电位变化。突触传递信息需要一定的延迟时间。

兴奋性突触在脉冲刺激下，对下一个神经细胞产生兴奋性突触后的电位变化，抑制性突触在脉冲刺激下，产生抑制性突触后的电位变化。很多神经细胞通过各自的突触对某一个神经细胞的作用，都形成该神经细胞的后电位变化，电位的变化是可以累加的。该神经细胞后电位是它所有的突触产生的电位总和。当该神经细胞的后电位升高到超过一个阈值，就会产生一个脉冲，从而总和的膜电位直接影响该神经细胞兴奋发放的脉冲数。一般来说，每个神经细胞的轴突大约连接 100～1000 个其他神经细胞，神经细胞的信息就是这样从一个神经细胞传递到另一个神经细胞。

在人脑中大约有 140 亿个神经细胞单元，据统计，这些神经细胞被安排进约 1000 个主要模块内，每个模块有上百个神经网络，每个神经网络约有 10 万根神经细胞。信息的传递是从一个神经细胞传到另一个神经细胞，从一种类型的神经细胞传到另一类神经细胞，从一个网络传递到另一个网络，有时也从一个模块传递到另一个模块。

对于化学突触的信息传递有以下几个原则：

1）只允许脉冲从突触前传向突触后，不允许逆向传递；

2）突触有延迟；

3）突触传递容易产生疲劳；

4）突触前传来的一次冲动常常不足以引起突触后神经细胞产生兴奋，同一个突触传来一系列脉冲，它们刺激间隔比较小，会引起突触后电位的变化，这就是时间上的总和；而很多突触前同时传来的脉冲也能引起突触后电位的变化，这是空间的总和；时间和空间的总和对突触后膜都会产生作用；

5）存在不应期，在不应期内，神经元对刺激不响应。

人工神经网络是采用物理课实现的器件或采用现有的计算机来模拟生物体中神经网络的某些结构与功能，并反过来，用于工程或其他领域。人工神经网络的着眼点不是用物理器件去完整地复制生物体中神经细胞网络，而是采纳其可利用的部分来克服目前计算机或其他系统不能解决的问题，如学习、识别、控制、专家系统等。随着生物和认知科学的发展，人们对人脑的结构及认知过程了解得越深入，这对人工神经网络的促进作用将会越大，越来越多的生物特性将被利用到工程中去。

人工神经网络与生物体中的神经细胞有几点是不同的：

1）在生物体内神经细胞中，来自其他几个神经细胞的轴突输出时发放脉冲串，用脉冲串在单位时间内发放率来表示其兴奋活动情况，输出的脉冲串引起了突触化学成分的变化，然后引起第 i 个神经细胞突触后电位的变化，后电位的变化又引起 y_i 的脉冲发放率的变化。在人工神经网络中，x_1，x_2，... x_n 和 y_n 大都用电压值来代替，y_i 与 u_i 的关系也是电压与电压的关系。在人工神经网络的硬件实现时，也有人用数字脉冲频率的大小表示 y_i 与 u_i，但与真正的神经网络还有较大的差距。

2）人工神经网络的信息传递采用电压的方式，因而大多数人工神经网络只有空间累加，而没有时间累加。

3）在人工神经网络中，突触在人工神经网络中，只要用一个电阻或相当于电阻的电子器件就可以实现。这种简单的权的表示与真正的生物突触中的化学反应和电反应也有很大的差距。

4）神经细胞的种类很多，但在一类人工神经网络中，神经元的种类通常仅为一种，少数有2～3种。

5）神经网络由大量的神经细胞组成，而且神经细胞会不断死亡和繁殖。在人工神经网络中，由于物理器件的限制，它的神经单元的数目大大小于真正神经网络的细胞数，因而，其功能也比真正神经网络差得多。

人工神经网络是生理学上的真实人脑神经网络的结构和功能，以及若干基本特性的某种理论抽象、简化和模拟而构成的一种信息处理系统。从系统观点看，人工神经网络是由大量神经元通过极其丰富和完善的连接而构成的自适应非线性动态系统。由于神经元之间有着不同的连接方式，所以组成不同结构形态的神经网络系统是可能的。虽然人工神经网络与真正的神经网络有上述差别，当它与目前计算机相比，由于它吸取了生物神经网络的部分优点，因而，有其固有的特点。

人工神经网络中每个神经元可以看作为一个小的处理单元，这些神经元按照某种方式互相连接起来，构成了神经网络，他们中各神经元之间连接的强弱，按照外部的激励信号作自适应变化，而每个神经元又随着接收到的多个激励信号的综合大小呈现兴奋或抑制状态。

由大量神经元相互连接组成的人工神经网络将显示出人脑的某些基本特征。

(1) 分布存储和容错性

一个信息不是存储在一个地方，而是按内容分布在整个网络上，网络某一处不是只存储一个外部信息而是每个神经元存储多种信息的部分内容。网络的每一部分对信息的存储有等势作用，这种分布式存储方法是存储区与运算区合为一体的，这种存储方式的优点在于若部分信息不完全，即使丢失、损坏或者有错误信息，它仍能恢复出原来正确的完整的信息，系统仍能运行。

(2) 大规模并行处理

人工神经网络在结构上是并行的，而且网络的各个单元可以同时进行类似的处理过程。因此，网络中的信息处理是在大量单元中平行而又有层次地进行，运算速度快，大大超过传统的序列式运算方式。

(3) 自学习、自组织和自适应性

学习和适应要求在时间过程中系统内部结构和联系方式有改变，神经网络是一种变结构系统，恰好能完成对环境的适应和对外界事物的学习能力。神经元之间的连接有多种多样，各元之间连接强度具有一定的可塑性，相当于突触传递信息能力的变化，这样，网络可以通过学习和训练进行自组织以适应不同信息处理的要求。人工神经网络是动态的，可根据样本的不同，通过自学习形成完整的优化系统，从而具有普遍的适应性。

(4) 系统性

神经网络是大量神经元的集体行为，并不是各单元行为的简单相加，而表现出一般复杂非线性动态系统的特性。

(5) 黑箱特性

人工神经网络一个最本质的特征是：它并不给出输入与输出之间的解析关系，它的近似值函数和处理信息的能力体现在网络中，各个神经元之间的连接权值上。

从上面的分析可以看出，人工神经网络不像现在的计算机，有存贮单元、运算单元和控制单元，它的存贮单元和运算控制单元都融合在一个网络中。它的结构、工作步骤和方式完全与现代计算机不同，表 7-1 简单地列出了它们的差别。这里还要指出，人工神经网络与一般并行计算机或并行处理器的算法也不相同。因为，并行机是多个 CPU 处理器并行工作，它的处理单元比人工神经元复杂得多，它的算法和软件要比人工神经网络复杂得多。并行机只能解决计算机的处理速度问题，并没有上述的人工神经网络的特点和集体动作的功能。

人工神经网络与计算机的比较 **表 7-1**

方法设备 项目	现代计算机	人工神经网络
元件间的连接	2～3	100～1000
实现结构	前馈式加很少反馈	前馈式 全反馈式
功能	不能学习 串行、编程	能学习 并行、不编程或简单编程

续表

项目 \ 方法设备	现代计算机	人工神经网络
记忆方式	存贮器 集中记忆	分布式记忆
容错	元件损坏 无法工作	元件损坏能继续工作 或学习后继续工作
应用	计算 逻辑判断 信息处理	识别感知 智能控制 专家系统等

神经元可以处理一些环境信息十分复杂，知识背景不清楚和推理规则不明确的问题。在有些情况下，信息源提供的模式丰富多彩，有的互相间存在矛盾，而判定决策原则又无条理可循。通过网络学习，从典型事例中学会处理具体事例，给出比较满意的解答。

人工神经网络的上述特性，特别是其自学习和自适应功能是常规算法和专家系统所不具备的，因此，预测被当作人工神经网络最有潜力的应用领域之一。在本项研究中拟用人工神经网络预测空调用封闭式冷却塔冷却水出口温度。

7.5.2 人工神经网络的发展

人工神经网络的发展是曲折的，从萌芽到目前，几经兴衰。

人工神经网络的研究最早可以追溯到人类开始研究自己的智能的时期，这一时期截止到 1949 年。

开始时，人类对自身的思维感到非常奇妙，从而也就有了许许多多关于思维的推测，这些推测既有解剖学方面的，也有精神方面的。一直到了神经解剖学家和神经生理学家提出人脑的“通信连接”机制，人们才对人脑有了一点了解。到了 20 世纪 40 年代初期，对神经元的功能及其功能模式的研究结果才足以使研究人员通过建立起一个数学模型来检验他们提出的各种猜想。在这个期间，产生了两个重大成果，他们构成了人工神经网络萌芽期的标志。

1943 年，心理学家 McCulloch 和数学家 Pitts 建立了著名的阈值加权和模型，简称 M—P 模型。1943 年，McCulloch 和 Pitts 总结了生物神经元的一些基本生理特征，对其一阶特性进行了形式化描述，提出了一种简单的数学模型与构造方法，这一结果发表在数学生物物理学会刊《Bulletin of Methematical Biophysics》上，这为人们用元器件、用计算机程序实现人工神经网络打下了坚实的基础。

1949 年，心理学家 D. O. Hebb 提出神经元之间突触联系是可变的假说。他认为，人类的学习过程是发生在突触上的，而突触的连接强度则与神经元的活动有关。据此，他提出了人工神经网络的学习率——连接两个神经元的突触强度按如下规则变化：在任意时刻，当这两个神经元处于同一种状态时，表明这两个神经元具有对问题响应的一致性。所以，它们应该相互支持，期间的信号传输应该加强，这是通过加强他们之间的突触的连接强度实现的。反而，在某一时刻，当这两个神经元处于不同的状态时，表明他们对问题的响应是不一致的。因此，它们之间的突触的连接强度被减弱，称之为 Hebb 学习率。Hebb

学习率在人工神经网络的发展史中占有重要的地位，被认为是人工神经网络学习训练的起点，是里程碑。

人工神经网络的第一高潮期大体上，可以认为是从1950年到1968年，也就是从单级感知器(Perceptron)的构造成功开始，到单级感知器被无情地否定为止。这是人工神经网络的研究被广为重视的一个时期，其重要成果是单级感知器及其电子线路模拟。

在20世纪50年代和60年代，一些研究者把生理学和心理学的观点结合起来，研究成功了单级感知器，并用电子线路去实现它，电子计算机出现后，人们才转到用更方便的电子计算机程序去模拟它。由于用程序模拟既便于测试，而且更重要的是，这种方法的费用特别低。所以，直到今天，大批的甚至是大多数的研究人员仍然在用这种模拟的方法进行研究。

这个期间的研究以Marvin Minsky、Frank Rosenblatt、Bernard Widrow等为代表人物，代表作是单级感知器。它被人们用于各种问题的求解，甚至在一段时间里，它使人们乐观地认为几乎已经找到了智能的关键。

早期的成功，给人们带来了极大的兴奋。不少人认为，只要其他技术条件成熟，就可以重构人脑，因为重构人脑的问题已转换成建立一个足够大的网络问题。许多部门都开始大批地投入此项研究，希望尽快占领制高点。

正在人们兴奋不已的时候，M. L. Minky 和 S. Papert 对单级感知器进行了深入的研究，从理论上证明了当时的单级感知器无法解决许多简单的问题。在这些问题中，甚至包括最基本的“异或”问题。这一成果在《Perceptron》一书中发表，该书由MIT出版社在1969年出版发行。以该书的出版为标志，人们对人工神经网络的研究进入了反思期。

由于“异或”运算是计算机中的最基本运算之一，所以，这一结果是令人震惊的。由于Minsky的卓越、严谨和威望，使得不少人对此结果深信不疑。从而导致了许多研究人员放弃了研究，政府、企业也削弱了相应的投资。

虽然如此，还是有一些具有献身精神的科学家在坚持进行相应的研究。在20世纪70年代和80年代早期，他们的研究成果很难得到发表，而且是散布于各种杂志之中，使得不少有意义的成果即使在发表之后，也难以被同行看到，这导致了反思期的延长。著名的BP算法的研究就是一个例子。

在这一段的反思中，人们发现，有一类问题是单级感知器无法解决的，这类问题是线性不可分的。要想突破线性不可分问题，必须采用功能更强的多级网络。逐渐地，一系列的基本网络模型被建立起来，形成了人工神经网络的理论基础。Minsky的估计被证明是过分悲观的。

可以认为，这一时期一直延续到1982年，J. Hopfield将Lyapunov函数引入人工神经网络，作为网络性能判定的能量函数为止。在这个期间，取得的主要积极成果有Arbib竞争模型、Kohonen自组织映射、Grossberg的自适应共振模型(ART)、Fukushima的新认知机、Rumellhart等人的并行分布处理模型(PDP)。

人工神经网络研究的第二次高潮到来的标志是美国加州理工学院生物物理学家J. Hopfield的两篇重要论文分别于1982年和1984年在美国科学院院刊上发表。总结起来，这个期间的代表作有：

1) 1982年，J. Hopfield提出循环网络，并将Lyapunov函数引入人工神经网络，作为网络性能判定的能量函数，阐明了人工神经网络与动力学的关系，用非线性动力学的方法，来研究人工神经网络的特性，建立了人工神经网络稳定性的判别依据，指出信息被存放在网络中神经元的连接上。事实上，这里所指的信息是长期存储的信息(Long Term Memory)。这是一个突破性的进展。

2) 1984年，J. Hopfield设计研制了后来被人们称为Hopfield网的电路。在这里，人工神经元被用放大器来实现，而连接则是用其他电子线路实现的。作为该研究的一项应用验证，它较好地解决了著名的TSP问题，找到了最佳解的近似解，引起了较大的轰动。

3) 1985年，美国加州大学圣地亚哥分校(UCSD)的Hinton 、Rumelhrt等人所在的并行分布处理(PDP)小组的研究者在Hopfield网络中引入了随机制，提出所谓的Boltzmann机。在这里，他们借助于统计物理学的方法，首次提出了多层网的学习算法。但由于它的不确定性，其收敛速度成了较大的问题，目前主要用来使网络逃离训练中的局部极小点。

4) 1986年，并行分布处理小组的Rumelhrt等研究者重新独立地提出了多层网络的学习算法——BP算法，较好地解决了多层网络的学习问题。我们之所以这样讲，是因为后来人们依次发现，类似的算法分别被Paker和Werbos在1982年和1974年独立地提出过，只不过当时没能被更多的人发现并受到应有的重视。BP算法的提出，对人工神经网络的研究与应用起到了重大的推动作用。

这个期间，人们对神经网络的研究达到了第二次高潮，仅从1987年6月在美国加州举行的第一届神经网络国际大会就有1000余名学者参加，就可以看到这一点。

追溯到1940年前，中国已在像脑功能和神经网络课题方面进行了研究和开发。对于人工脑的潜在能力，特别是人工神经网络能力的研究，还是在不久之前才开始的。在最近几年里，我国在人工神经元网络的研究方面发展规模大、速度快而且取得了不少成果。1988年由北京大学组织召开了第一次关于神经网络的讨论会，一些国际知名学者在会上作了专题报告。1989年和1990年，不同学会和研究单位召开过专题讨论会。在1990年12月由8个单位联合发起和组织了中国第一次神经网络会议，提交会议的论文超过500篇，收集到会议录中的358篇，内容涉及生物、人工神经元网络模型、理论、分析、应用以及实现等几乎研究神经元网络的所有方面。参加会议注册的代表超过400人。IEEE神经网络委员会副主席作了主要动向的演说。1991年由13个单位发起和组织召开了第二次中国神经网络会议，收到400篇论文，录用280篇，应用方面占的比例较大，突出的是国内自己的研究成果论文大为增加，实现技术的研究呈增长趋势。持之以恒，将应用、理论和方法以及实现结合起来，定会在探索人的智能方面作出应有的贡献。1992年中国神经网络委员会在北京承办了世界性的国际神经网络学术大会，这届大会受到IEEE神经网络委员会、国际神经网络学会等国际学术组织的大力支持。这标志着我国神经网络的研究工作第一次大规模地走向世界，这必将会进一步推动我国的神经网络研究。

7.5.3 BP网络的构成与算法

反向传播网络(Back Propagation Networks，简称BP网络)是人工神经网络的一种重要形式。它的主要思想是把学习过程分为两个阶段，第一阶段(正向传播过程)，给出输入信息通过输入层经隐含层逐层处理并计算每个单元的实际输出值；第二阶段(反向过程)，若在输出层未能得到期望的输出值，则逐层递推计算实际输出与期望输出之差值(即误差)，以便根据此差调节权值，具体地讲，就是可对每一个权重计算出接收单元的误差值与发送单元的激活值的积。

图 7-5 是 BP 网络的结构图，它包括输入层、隐层(隐含层)及输出层，隐层可以为一层或多层。在本项研究中取一层，因为理论上已经证明，在隐含单元数可以任意选定的情况下，三层网络可以任意精度逼近任何连续函数。

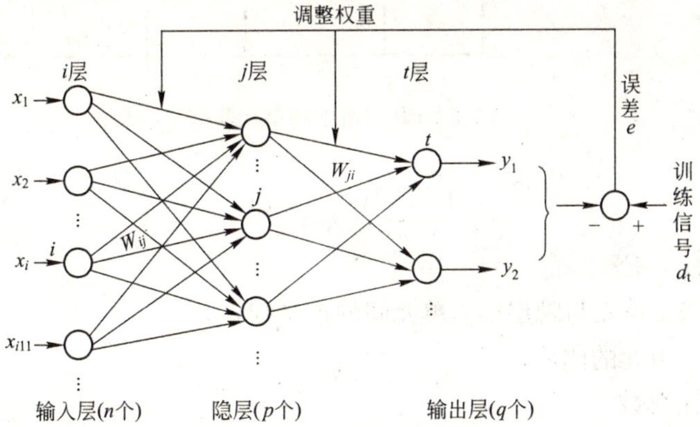

图 7-5 BP 网络的结构

各层神经元之间的连结强度用连结权重 W_{ij} 表示，W_{ij} 表示输入层第 i 单元与隐层第 j 单元之间的连结强度。各单元的输出决定于前一层单元的输出及相应的连结权重，即每一层神经元的状态只影响下一层神经元的状态。网络的知识表现为网络中的全部权重 W_{ij}，它可以通过样本的训练达到，训练就是一种学习，给定样本，就是给定一个输入向量 $X=(x_1, x_2..., x_n)$ 及期望输出向量 $Y=(y_1, y_2..., y_q)$。训练就是按照实际输出量接近期望输出的原则，来修改全部连结权重 W_{ij}。计算实际输出是按向前计算的方向来进行的(即由输入至输出方向进行)；而修改权重 W_{ij} 则是按反向进行的(即由输出至输入方向进行的)。

在这种网络中，训练时要先给定输入向量 X 及期望输出 Y，这就好比有教师在训练中提供样板数据(样本)，网络学习时是基于奖惩式规划，即根据教师提供的数据来调整权重。当网络回答正确时，调整权重朝强化正确(即奖励)的方向变化，当网络响应错误时，调整权重往弱化错误(即惩罚)方向变化，因此，这是一种有教师的学习网络。

BP 算法的过程可以分成两个阶段，第一阶段是由输入层开始逐层计算各层神经元的净输入和输出，直到输出层为止，这一阶段称为模式前向传输。第二阶段是由输出层开始逐层计算各层神经元的输出误差，并根据误差梯度下降原则来调节各层的连结权重及神经元的阈值，使修改后的网络最终输出能接近期望值，亦即误差会减小，这一阶段称为误差反向传播。在一次训练之后，还可重复训练，使输出误差更加减小，直到满足要求为止。

(1) 模式前向传输

设输入向量为 $X=(x_1, x_2, ..., x_n)$，期望的输出向量为 $D=(d_1, d_2, ..., d_q)$

图 7-6 将各层网络中的任意神经元的连结单独表示出来以便计算。图中 U_i、U_j、U_t 分别为输入层、隐层、输出层的任意单元。

1) 计算隐层各单元的净输入

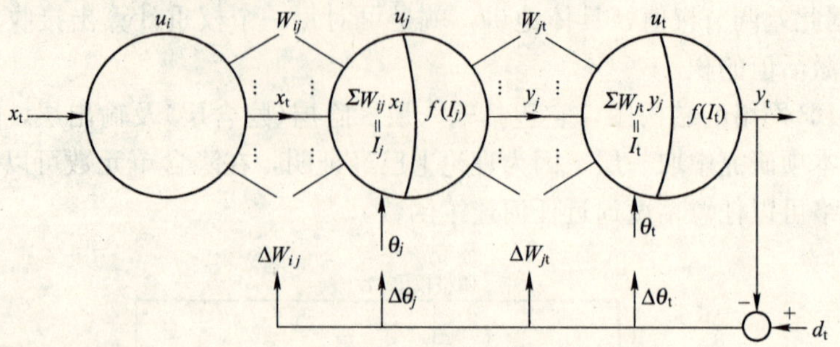

图 7-6 BP 网络中的单元联结

$$I_j=\sum_{i=1}^{n}W_{ij}x_i-Q_j \tag{7-10}$$

式中 $j=1, 2, \ldots, P$；

W_{ij}——输入层第 i 单元与隐层第 j 单元间的连结权重；

Q_j——隐层第 j 单元的阈值；

P——隐层单元总数。

2）用S型函数计算隐层各单元的输出

$$d_i=f(I_j)=\frac{1}{1+e^{-1_j}} \tag{7-11}$$

3）计算输出层各单元的净输入

$$I_t=\sum_{j=1}^{P}W_{jt}d_j-Q_t \tag{7-12}$$

式中 $t=1, 2, \ldots q$；

W_{jt}——隐层第 j 单元与输出层第 t 单元之间的连结权重；

Q_t——输出层第 t 单元的阈值；

q——输出层单元总数。

4）计算输出层各单元的实际输出

$$d_t=f(I_t)=\frac{1}{1+e^{-i_t}} \tag{7-13}$$

式中 d_t——输出层第 t 单元的实际输出。

（2）误差反向传输

由于期望输出 d_t 与实际输出 y_t 不一致，因而产生误差，通常用方差来表示这一误差。

$$e_t=\frac{1}{2}\sum_{t=1}^{q}(d_t-y_t)^2 \tag{7-14}$$

按照误差 e_t 来修改输出层的权重 W_{jt} 和阈值 Q_t，权重 W_{jt} 和 Q_t 应沿 e_t 的负梯度方向变化，即修正量 ΔW_{jt} 应与 $\left(\frac{\partial e_t}{\partial W_{jt}}\right)$ 及 $\left(\frac{\partial e_t}{\partial \theta_t}\right)$ 成正比，即

$$\Delta W_{jt}=-\alpha\frac{\partial e_t}{\partial W_{jt}} \tag{7-15}$$

$$-\Delta\theta_t = -\alpha \frac{\partial e_t}{\partial \theta_t} \tag{7-16}$$

式中 α——比例常数。

输出层的权重修正及阈值修正用式(5-17)、式(5-18)计算。

$$\Delta W_{jt} = \alpha \cdot \delta_t y_j \tag{7-17}$$

$$\Delta\theta_t = \alpha \cdot \delta_t \tag{7-18}$$

式中 δ_t——输出层的调整误差，$\delta_t = (d_t - y_t) \cdot y_t \cdot (1 - y_t)$。

隐层的权重修正及阈值修正用式(5-19)、式(5-20)计算。

$$\Delta W_{ij} = \beta \cdot \delta_j \cdot x_i \tag{7-19}$$

$$\Delta\theta_j = \beta \cdot \delta_j \tag{7-20}$$

式中 δ_j——隐层的调整误差，$\delta_j = y_j \cdot (1 - y_j) \cdot \sum_{t=1}^{q} (\delta_t \cdot W_{jt})$；

β——比例常数。

α、β表示学习速率，用来调节学习的收敛速度。

修改了权重及阈值后，可以再次计算各层单元新的输出，然后，再计算新的调整误差δ_t^*、δ_j^*，再计算新的权重修正量ΔW_{ij}^*、ΔW_{jt}^*及新的阈值修正量$\Delta\theta_j^*$、$\Delta\theta_t^*$，如此反复进行，直到误差满足要求(即小于某个给定值)为止，计算流程如图7-7所示。

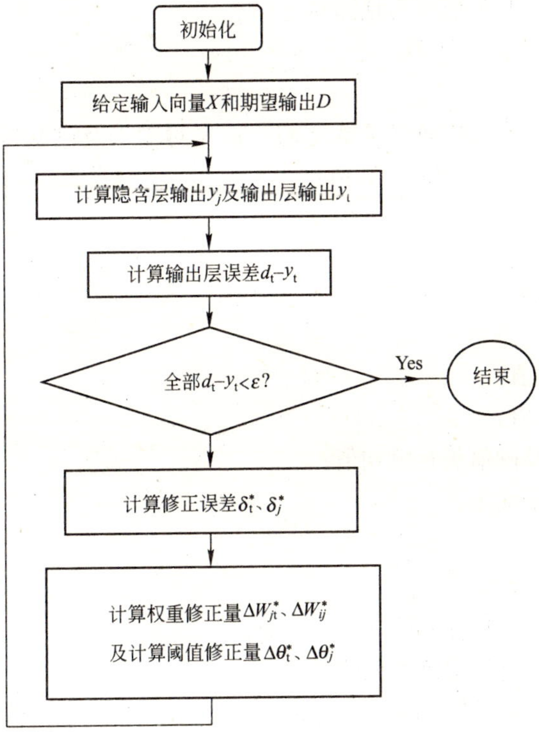

图7-7 BP算法流程图

7.5.4 实例分析

在应用BP网络时，应首先确定网络系统输入层的单元数及相应的参数，虽然，运用的参数越多，所得的结果越精确，但由此产生的数据组合多，计算量大，操作费时；反之，运用的参数少，计算结果误差就大，但计算量小，操作简单。因此，在选用参数时，宜挑选主要的影响参数，而舍弃一些次要的参数，使计算既简捷又具有一定的精度。

影响空调用封闭式冷却塔冷却水出口温度的主要因素有冷却水流量、空气流量、喷淋水流量、空气湿球温度、冷却水入口温度、喷淋水温度。所以，本项研究以上6个参数作为6个输入神经元，输出层神经元1个，即冷却水出口温度。

(1) 参数确定原则

1) 隐层神经元数量。取隐层神经元的数量＝2×输入层神经元的数量＋1，即13个神经元，这样就构成一个6-13-1BP神经网络模型。

2) 初始权值的确定。初始权值是不应完全相等的一组值，如果所设权值的初始值彼此相等，那么，在学习过程中将始终保持相等。

3) 学习效率的确定。学习效率(速率)越大，权重变化越大，收敛越快，但学习效率过大，会引起系统的振荡；学习效率低，可避免不稳定，但收敛速度慢。因此，应恰当选择学习效率。

4) 允许误差。因为输出的是归一化后的冷却水出口温度，根据本项研究的实际取0.001。

5) 学习样本数量。用实测值作为原始样本值，用于训练此神经网络，学习样本数量1400组，另有126组实测数值作为预测对比样本。

6) 迭代次数。暂时取5000次。

(2) 算法的步骤

1) 将数据归一化。在BP网络训练之前，首先对输入及已知输出数据进行归一化处理，即把数据处理成0～1之间的小数值：

$$x_i=\frac{(x-x_{\min})}{(x_{\max}-x_{\min})} \tag{7-21}$$

式中 x_i——归一化值；

x——原始值；

$x_{\min}$——最小原始值；

$x_{\max}$——最大原始值。

2) 给权系数矩阵及阈值矢量赋初值；

3) 计算隐层的激励输出；

4) 求输出值；

5) 计算输出层误差；

6) 将输出层误差反向传播到隐层，再计算隐层的误差；

7) 调整输出层的权系数矩阵和阈值矢量；

8) 调整隐层的权系数矩阵和阈值矢量；

9) 重复上述3～8步骤，到误差的平方和最小为止；

10) 将结果还原。

在BP网络训练结束之后，得到范围为0～1之间的预测值，然后，再利用式(7-22)，将预测值还原：

$$x = x_{min} + x_i(x_{max} - x_{min}) \tag{7-22}$$

(3) 预测结果分析

按照上述步骤，对DBL-20(2)型空调用封闭式冷却塔的冷却水出口温度进行了预测，预测结果见图7-8、图7-9。在图7-8中，由于测试的当天，从上午11：00开始，天气由晴转为少云、多云，到14：30变为阴天。因此，空气的湿球温度持续上升，冷却塔的冷却水出口温度也越来越高，在坐标中出现了曲线一直攀升的现象，这种情况一直持续到17：00左右才结束。从图中可见，利用BP网络的预测值与实测值比较吻合，只是在个别时刻有一定的偏差，这说明利用BP网络预测冷却水出口温度是可行的，有实用价值。

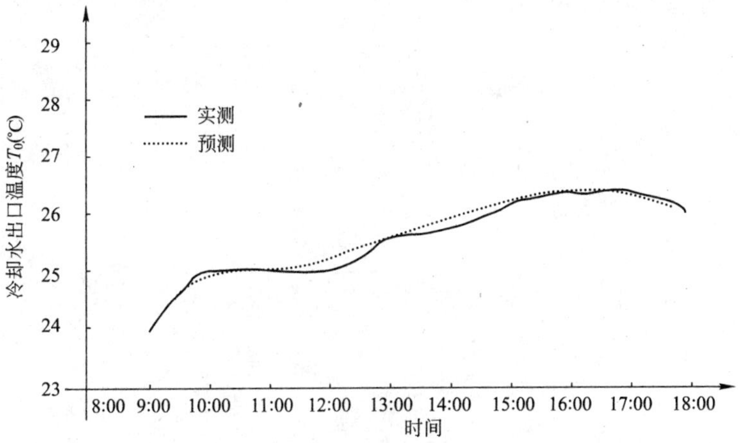

图7-8 冷却水出口温度对比曲线

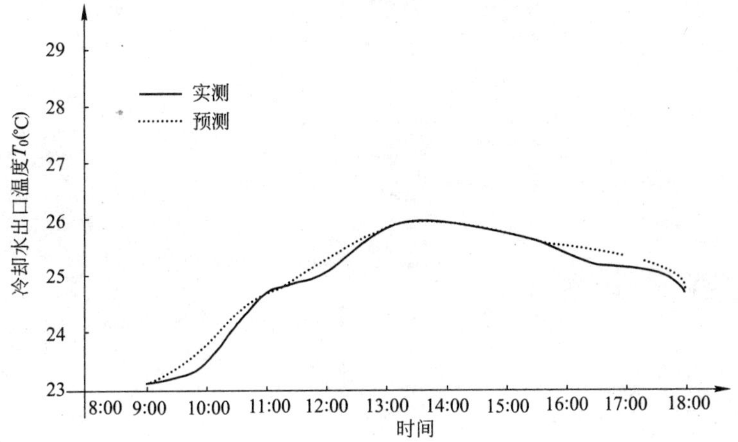

图7-9 冷却水出口温度对比曲线

7.6 小 结

本章通过对实验数据和理论计算值的分析，得出了封闭式冷却塔喷淋水量、空气流量的适宜值，即喷淋水量宜控制在0.08m^3/(kWh)左右；空气流量宜控制在260kg/(kWh)

左右为宜，并绘制了DBL-20(2)型(以光滑铜管作为冷却盘管)封闭式冷却塔空气湿球温度与冷却能力、空气流量与冷却能力、喷淋水量与冷却能力之间的关系曲线，利用这些性能曲线，可以准确地选择封闭式冷却塔，分析其在不同条件下的特性。

本章重点叙述了利用神经网络预测冷却塔出口水温的方法，以空气湿球温度、冷却水入口温度、喷淋水温度、冷却水流量、空气流量、喷淋水量作为输入单元，以实测参数作为训练样本，利用三层BP神经网络预测冷却塔出口水温，最后，将预测值与实测值进行了对比，结果表明，预测结果令人满意。由于神经网络是动态的，因此，这种模型也是一种动态模型，它能预测任意时刻冷却塔出口水温。

第 8 章 封闭式冷却塔空气流动特性研究

在空调用封闭式冷却塔中有 3 种流体：在冷却盘管内流动的冷却水；在冷却盘管外喷淋的循环水；在冷却盘管外强制循环流动的空气。合理设计三种流体的流动方式、优化三种流体的流量配比，是封闭式冷却塔高效运行的基础。本章研究的主要目的是寻求塔内进风口、冷却盘管、淋水装置、挡水板、风机进口、风筒出口等各部件阻力的计算方法；分析对比冷却塔内总阻力与风机压头之间的关系，使风机始终运行在最佳工况点；进一步揭示冷却塔内气流流动的规律，优化塔体形状，降低空气阻力，挖掘冷却塔的潜力。

在前面曾谈到，实验前应明确的三个问题，就封闭式冷却塔实验所涉及的研究内容而言，相似理论回答了这三个问题。相似第一定理指出在实验中测量描述该现象的相似准则中所包含的所有量；相似第二定理告知应当把实验结果整理成为相似准则间的关系方程；相似第三定理阐明这些准则关系方程可以应用到所有与实验现象相似的现象群上去。根据相似第三定理所规定的相似的充分与必要条件，可用来判断两现象是否相似。这样，从个别实验中获得的实验结果经整理所得的准则关系式不仅用于被实验的现象本身，而且能推广应用到未进行实验的与之相似的现象群上去，不必逐一进行实验，这将节省财力、物力与人力。本章中空气流经冷却盘管阻力计算公式的导出，充分体现了相似理论对实验的指导意义。

8.1 空气阻力系数的计算

空气阻力计算是为了合理地选择冷却塔所配置的风机，只有风机的风压、风量满足设计要求或稍大于冷却塔内的空气总阻力及理论风量，封闭式冷却塔才能正常运行。

封闭式冷却塔中除冷却盘管外，其余部件的空气阻力，均可用下式计算：

$$\Delta P=\zeta \cdot \frac{1}{2}\rho \cdot V^2 \tag{8-1}$$

式中 ρ——冷却塔内空气密度，kg/m³；

V——冷却塔内空气流速，m/s；

ζ——各部件的局部阻力系数。

只要测出冷却塔内空气的温度，查空气的物性参数表就可求出空气密度 ρ；空气流速 v 可用第五章介绍的方法直接或间接测出。因此，计算各部件的空气阻力关键是求出局部阻力系数。

(1) 进风口局部阻力系数

空调用封闭式冷却塔的进风口采用的是倾角向内的百叶窗，其目的是使进入冷却塔内的空气分布尽量均匀，保证喷淋水不外溅，其局部阻力系数 $\zeta=27$。

(2) 喷淋水系统局部阻力系数

在空调用封闭式冷却塔中采用的是固定式喷淋排管，在其上均匀布置喷嘴，为使喷淋水均匀地淋洒在冷却盘管上，故将喷嘴布置成梅花状，详见图8-1，其局部阻力系数用式(8-2)计算。

$$\zeta_2=\left[0.5+1.3\left(1-\frac{F_1}{F_m}\right)^2\right]\left(\frac{F_m}{F_1}\right)^2 \tag{8-2}$$

式中 F_1——气流通过的有效面积，m^2；

F_m——冷却塔断面积，m^2。

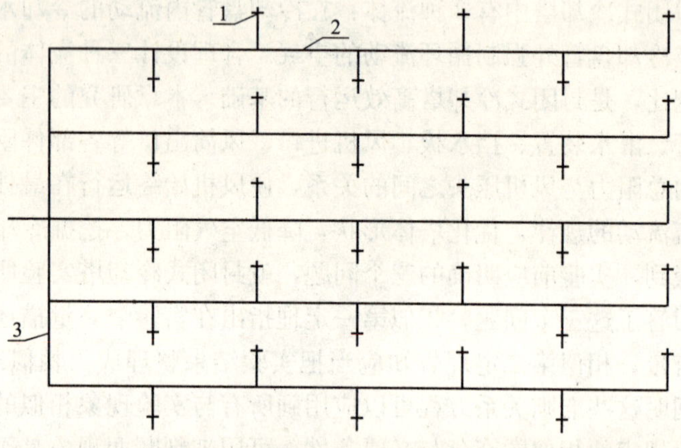

图8-1 喷嘴的布置形式

1—喷嘴；2—喷淋排管；3—喷淋总管

(3) 挡水板的局部阻力系数

挡水板采用镀锌钢板加工制作，镀锌钢板的厚度为1.0mm，折数为2折。当夹带着水滴的空气流经挡水板的曲折通道时，被迫不断改变运动方向，由于水滴的惯性大，水滴与挡水板表面就会发生碰撞，并聚集在板面上形成水膜，沿挡水板流到冷却塔的底池。挡水板的局部阻力系数可用式(8-3)计算。

$$\zeta_3=\left[0.5+2\left(1-\frac{F_2}{F_m}\right)^2\right]\left(\frac{F_m}{F_2}\right)^2 \tag{8-3}$$

式中 F_2——挡水板处空气通过的有效面积，m^2。

(4) 风机进风口局部阻力系数

在封闭式冷却塔中，风机进风口为一天圆地方的结构，其局部阻力系数可用式(8-4)计算。

$$\zeta_4=a_0\left(1-\frac{F_3}{F_4}\right)+b \tag{8-4}$$

式中 F_3——收缩后的断面积，m^2；

F_4——收缩前的断面积，m^2；

a_0——系数，可查表8-1；

b_0 由下式计算：

$$b_0=\frac{0.03\left[1-\left(\frac{F_3}{F_4}\right)^2\right]}{\delta\sin\frac{\alpha_1}{2}} \tag{8-5}$$

$$\delta=0.5-0.05\frac{l_1}{D_0} \tag{8-6}$$

式中 α_1——收缩中心角度，度；

D_0——风机进口风筒直径，m；

l_1——收缩段的高度，m；

δ——风筒内速度分布不均修正系数，由下式计算：

α_0 计算值 **表 8-1**

l_1/D_0	α_1								
	0°	10°	20°	30°	40°	60°	100°	140°	180°
0.025	0.50	0.47	0.45	0.43	0.41	0.40	0.42	0.45	0.50
0.050	0.50	0.45	0.41	0.36	0.33	0.30	0.35	0.42	0.50
0.070	0.50	0.42	0.35	0.30	0.26	0.23	0.30	0.40	0.50
0.100	0.50	0.39	0.32	0.25	0.22	0.18	0.27	0.38	0.50
0.150	0.50	0.37	0.27	0.20	0.16	0.15	0.25	0.37	0.50

(5) 风机风筒出口局部阻力系数

风机风筒出口阻力系数，可用式(8-7)计算。

$$\zeta_5=(1+\delta)C_0 \tag{8-7}$$

式中 C_0——系数，可查表 8-2。

C_0 计算值 **表 8-2**

L_2/D_0	α_2							
	1°	2°	4°	5°	6°	8°	10°	12°
1.0	0.89	0.79	0.64	0.59	0.56	0.52	0.52	0.55
1.5	0.84	0.74	0.53	0.47	0.45	0.43	0.45	0.50
2.0	0.80	0.63	0.45	0.40	0.39	0.38	0.43	0.50
2.5	0.76	0.57	0.39	0.35	0.34	0.35	0.42	0.52
3.0	0.70	0.53	0.34	0.31	0.31	0.34	0.42	0.53
4.0	0.65	0.48	0.28	0.26	0.27	0.33	0.42	0.53

注：表中 L_2——风筒渐扩段的高度，m；α_2——风筒的渐扩角度，度。

8.2 冷却盘管阻力的计算

8.2.1 空气流动状况分析

如图 3-5 所示，在空调用封闭式冷却塔中，空气在管束间交替收缩和扩张的弯曲通道中流动。空气在管束中流动，除第一排管子保持了外掠单管的特征外，另一个重要特点是以第二排管子起流动被前面几排管子引起的涡旋所干扰，因此，管束中流动的状态比较复杂。影响空气流动阻力的主要因素是流速和管束本身所引起的紊流度。因此，管束的几何条件，即管径、管间距、管排数、管子的排列方式等与空气流动阻力密切相关。

空气的流动阻力表现为流经冷却盘管后的压力降低，可表示成欧拉数 Eu 和雷诺数 Re 之间的关系。

$$Eu=f(Re) \tag{8-8}$$

式中 Eu——欧拉数，$Eu=\Delta P/(\rho v^2)$；

Re——雷诺数，$Re=V\cdot do/v$；

ΔP——空气阻力，Pa；

ρ——空气密度，kg/m^3；

v——空气流速，m/s；

d_0——定性长度，m；

v——空气的运动黏滞系数(运动黏度)，m^2/s。

从式(8-8)可见，在做冷却盘管外侧空气阻力实验时，需要测定空气流经冷却盘管所产生的压力降、空气的流速、空气的温度，然后，根据空气的温度查物性参数表，求得空气的密度 ρ 和运动黏滞系数 v，就可以计算出对应的 Re 数、Eu 数。

在封闭式冷却塔中，由于温度的变化，会导致空气物理性质的改变，这就涉及到确定空气物性参数的温度如何选定，也就是如何确定定性温度值。有人主张用动力黏度的比值 μ_f/μ_w 来考虑物性变化的影响。对于空气、水这类流体，黏性比较小，流体随着温度变化的物性主要是黏性，所以，$P_{rf}/P_{rw}\approx\mu_f/\mu_w$。但是，热交换的基础是所形成的温度场，是用普朗特准则表征的，所以应用比值 P_{rf}/P_{rw} 是比较好的，其结果也是令人满意的。因此，在本课题的研究中，按空气的平均温度确定空气的物性参数，同时，在准则方程中增加一项补充参数考虑物性变化的影响，即$(P_{rf}/P_{rw})^{0.25}$。

封闭式冷却塔进口空气的温度 t_i 可用玻璃管温度计测出，出口空气的温度 t_0 可由出口空气的焓值 i_0 求出。因为出冷却塔的空气状态可以近似地认为是饱和湿空气，所以，由 i_0 可查饱和水蒸汽表可求出 t_0，其平均温度 $t_m=(t_i+t_0)/2$。

冷却盘管的几何特性如管束的排列方式、管间距、管径、管子的排数、管子的几何形状等因素都对空气流动阻力有重要影响。经分析，在式(8-8)中定型尺寸为管外径 d_0。

在式(8-8)中流速 V 采用流通截面最窄处的空气速度，结合图 5-5 可知，最窄处的流通面积可用式(8-9)计算：

$$F_1=(B_1-n_1\cdot d_0)\cdot L_1 \tag{8-9}$$

式中 B_1——封闭式冷却塔的宽，m；

L_1——封闭式冷却塔的长，m；

n_1——每排管子的根数。

式(8-8)中的 Δp 可由测点分设于冷却盘管上下的微压计测出。

8.2.2 空气阻力测试数据

表 8-3 是管子外径为 20mm，管排数为 10，每排 32 根管(奇数排)、31 根管(偶数排)条件下，所测得的值。

空气阻力测试记录表 表 8-3

序号	平均温度（℃）	空气密度（kg/m^3）	运动黏度（$10^{-6}\ m^2/s$）	流速（m/s）	空气阻力（Pa）	*Re* 数	lg(*Re*)	*Eu* 数	lg(*Eu*)
1	23	1.18	15.97	7.1	59.5	8.89×10^3	3.95	2.07	0.31
2	24	1.18	16.06	7.0	57.8	8.72×10^3	3.94	1.94	0.29
3	25	1.17	16.16	7.2	60.7	8.92×10^3	3.95	2.03	0.31
4	26	1.17	16.25	6.0	42.1	7.38×10^3	3.87	1.39	0.14
5	27	1.16	16.34	6.2	44.6	7.59×10^3	3.88	1.47	0.17
6	28	1.16	16.43	6.1	43.2	7.43×10^3	3.87	1.41	0.15
7	29	1.15	16.52	5.4	33.5	6.54×10^3	3.82	1.09	0.14
8	30	1.15	16.61	5.5	34.8	6.62×10^3	3.82	1.12	0.05
9	31	1.15	16.71	5.3	32.3	6.34×10^3	3.80	1.03	0.01
10	32	1.14	16.81	4.8	26.3	5.72×10^3	3.76	8.36×10^{-1}	−0.08
11	33	1.14	16.91	4.5	23.1	5.32×10^3	3.73	7.23×10^{-1}	−0.14
12	34	1.13	17.01	4.7	25.0	5.53×10^3	3.74	7.82×10^{-1}	−0.11

8.2.3 准则方程的建立

根据上面的分析及式(8-8)，可得下列准则方程：

$$Eu=C(Re)^n \tag{8-10}$$

为了求出上式中的系数 C 及指数 n，对式(8-10)作如下处理。

首先两边取对数，得：

$$\lg(Eu)=\lg(c)+n\lg(Re) \tag{8-11}$$

令 $\lg(Eu)=Y$，$\lg C=A$，$\lg(Re)=B$

所以，式(8-11)变为：

$$Y=A+Bn \tag{8-12}$$

将表 8-3 前 6 组数据代入式(8-12)得：

$$1.37=6A+23.46n \tag{8-13}$$

将表 8-3 后 6 组数据代入式(8-12)得：

$$-0.27=6A+22.67n \tag{8-14}$$

解(8-13)、(8-14)方程组，得：

$$\begin{cases}A=-7.59\\ n\approx2\end{cases}$$

所以，
$$Y=-7.59+2B \tag{8-15}$$

即
$$\lg Eu=-7.59+2\lg(Re) \tag{8-16}$$

$$\lg Eu=\lg(10^{-7}\times10^{-0.59})+\lg(Re)^2 \tag{8-17}$$

整理上式，得：

$$Eu=2.57\times10^{-8}(Re)^2 \tag{8-18}$$

考虑到物性场的不均匀性，所以：

$$Eu=2.57\times10^{-8}(Re)^2\left(\frac{P_{rf}}{P_{rw}}\right)^{0.25} \tag{8-19}$$

利用式(8-19)可方便地求出冷却盘管空气侧的阻力。

8.3 风筒内空气流动的数学描述

为研究方便起见，将空调用封闭式冷却塔风筒内空气的流动简化为紊流稳定流动，因此，可列出下列描述风筒内空气流动的微分方程组。

(1) 连续性方程

$$\frac{\partial\rho}{\partial t}+\frac{\partial(\rho u_x)}{\partial x}+\frac{\partial(\rho u_y)}{\partial y}+\frac{\partial(\rho u_z)}{\partial z}=0 \tag{8-20}$$

式中 ρ——空气密度；

t——时间；

u_x、u_y、u_z——分别为空气在 x、y、z 方向的流动速度。

(2) 动量方程

$$\rho\frac{\partial u_x}{\mathrm{d}t}=\rho X-\frac{\partial p}{\partial x}+\mu\left(\frac{\partial^2 u_x}{\partial x^2}+\frac{\partial^2 u_y}{\partial y^2}+\frac{\partial^2 u_z}{\partial z}\right)+\frac{\mu}{3}\frac{\partial}{\partial x}\left(\frac{\partial u_x}{\partial x}+\frac{\partial u_y}{\partial y}+\frac{\partial u_z}{\partial z}\right) \tag{8-21}$$

$$\rho\frac{\partial u_x}{\mathrm{d}t}=\rho Y-\frac{\partial p}{\partial y}+\mu\left(\frac{\partial^2 u_x}{\partial x^2}+\frac{\partial^2 u_y}{\partial y^2}+\frac{\partial^2 u_z}{\partial z}\right)+\frac{\mu}{3}\frac{\partial}{\partial y}\left(\frac{\partial u_x}{\partial x}+\frac{\partial u_y}{\partial y}+\frac{\partial u_z}{\partial z}\right) \tag{8-22}$$

$$\rho\frac{\mathrm{d}u_z}{\mathrm{d}t}=\rho Z-\frac{\partial p}{\partial x}+\mu\left(\frac{\partial^2 u_x}{\partial x^2}+\frac{\partial^2 u_y}{\partial y^2}+\frac{\partial^2 u_z}{\partial z}\right)+\frac{\mu}{3}\frac{\partial}{\partial z}\left(\frac{\partial u_x}{\partial x}+\frac{\partial u_y}{\partial y}+\frac{\partial u_z}{\partial z}\right) \tag{8-23}$$

式中 μ——空气的动力黏滞系数；

p——压力；

$X=g\cos\alpha$；

$Y=g\cos\beta$；

$Z=g\cos\gamma$；

α、β、γ 分别表示 x、y、z 方向与重力方向之间的夹角。

(3) 能量方程

$$\rho\frac{\mathrm{d}U}{\mathrm{d}t}=q+\lambda\left(\frac{\partial^2 T}{\partial x^2}+\frac{\partial^2 T}{\partial y^2}+\frac{\partial^2 T}{\partial z}\right)+\tau_{xx}\cdot\frac{\partial u_x}{\partial x}+\tau_{xy}\cdot\frac{\partial u_y}{\partial x}+\tau_{xz}\cdot\frac{\partial u_z}{\partial z}+\tau_{yx}\cdot\frac{\partial u_x}{\partial y}+$$
$$\tau_{yy}\cdot\frac{\partial u_y}{\partial y}+\tau_{yz}\frac{\partial u_z}{\partial y}+\tau_{zx}\cdot\frac{\partial u_x}{\partial z}+\tau_{zx}\cdot\frac{\partial u_x}{\partial z}+\tau_{zy}\frac{\partial u_y}{\partial z}+\tau_{zz}\cdot\frac{\partial u_z}{\partial z} \tag{8-24}$$

式中 q——单位时间内单位体积中热源产生的热量即热源发热率；

U——内能；

λ——导热系数；

τ_{ij}——单位时间内表面力($i=x$，y，z；$j=x$，y，x)。

(4) 紊流 $k-\varepsilon$ 方程

从能量平衡状态来说，紊流脉动长度尺度可以由 K(紊流动能)与 ε(紊流耗散率)来估计。

$$\frac{\partial k}{\partial t}+U_j\cdot\frac{\partial k}{\partial x_j}=P_k+D_k+\varepsilon \tag{8-25}$$

$$\frac{\partial \varepsilon}{\partial t}+U_j \cdot \frac{\partial \varepsilon}{\partial x_j}=P_\varepsilon+D_\varepsilon+E_\varepsilon \tag{8-26}$$

式中 P_ε、D_ε、E_ε——分别称为耗散率的生成、扩散、耗散项；

P_k——紊流动能的主要生成项，它是雷诺应力在平均切变场上所做的功；

D_k——紊流动能的扩散项；

ε——紊流动能的耗散项；

k——紊流动能，$k=\frac{1}{2}(U_i'U_i')$。

$$P_\varepsilon=-C_{\varepsilon1}(U_i'U_j')\frac{\varepsilon}{k} \cdot \frac{\partial U_i}{\partial x_j} \tag{8-27}$$

$$D_\varepsilon=\frac{\partial}{\partial x_k}\left[(v+v_T/\sigma_\varepsilon)\frac{\partial \varepsilon}{\partial x_k}\right] \tag{8-28}$$

$$E_\varepsilon=C_{\varepsilon2} \cdot \varepsilon^2/k \tag{8-29}$$

$$P_k=-(U_i'U_j') \cdot \frac{\partial U_i}{\partial x_j} \tag{8-30}$$

$$D_k=\frac{\partial}{\partial x_k}\left[(v+v_T)\frac{\partial k}{\partial x_k}\right] \tag{8-31}$$

$$v_T=C_\mu \cdot k^2/\varepsilon \tag{8-32}$$

式中 v——空气的运动黏滞系数；

v_T——涡团黏度；

$(U_i'U_j')$——雷诺应力；

U_i——空气流动速度。

根据典型流动的实验结果，部分系数的经验值如下：

$C_\mu=0.09$， $\sigma_\varepsilon=1.3$， $C_{\varepsilon1}=1.45$， $C_{\varepsilon2}=1.90$

(5) 边界条件

风机进口断面处：$P=P_1$，$G=G_1$，$P_j=P_{j1}$；

风机出口断面处：$P=P_2$，$G=G_2$，$P_j=P_{j2}$；

风筒及风机轴的固体壁面处：$U_i=0$。

固壁物面周线 L 上的不可穿透条件，

$F(x, y)=0$ 上；$\frac{\partial \Phi}{\partial x}\frac{\partial F}{\partial y}+\frac{\partial \Phi}{\partial y}\frac{\partial F}{\partial F}=0$

式中 $F(x, y)=0$ 是物面型线方程；

Φ——流场的速度势。

8.4 风筒内速度及压力分布

为了求解式(8-20)～式(8-32)，利用有限差分，将风筒内划分成 20×20 的网格，然后，将上面所列出的连续性方程、动量方程、能量方程、紊流模型方程无因次化，得到网格中每个点上的无因次化的代数控制方程，结合边界条件、初始条件迭代求解。图 8-2 为风筒内风机出口处空气速度分布矢量图；图 8-3 为风筒内风机出口压力等值线分布图；

图 8-4 为风筒内风机出口处三维压力分布图，图中坐标上的刻度均为无因次量。

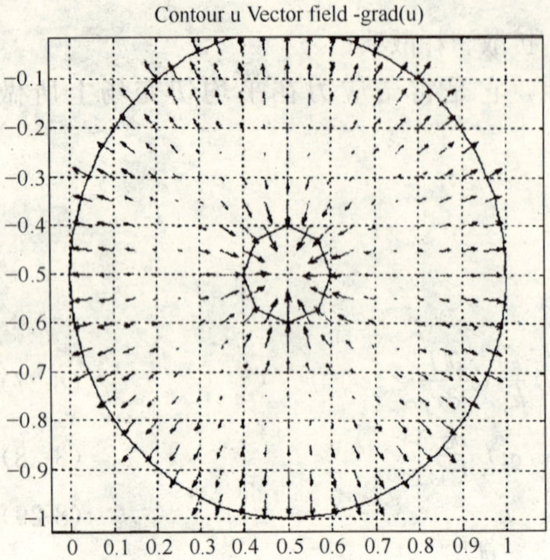

图 8-2　风筒内速度分布

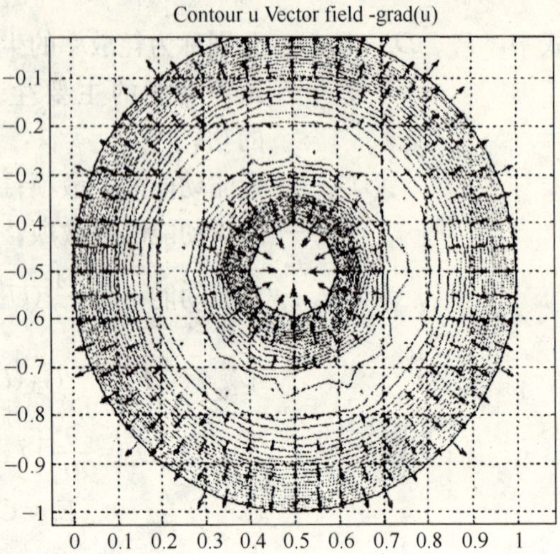

图 8-3　风筒内压力等值线

从图 8-2～图 8-4 可见，空气从风机出来后，呈散射状，风机出口压力分布不均匀。经模拟计算，对于 DBL-20(2)型封闭式冷却塔，风机出口风筒中心的压力为－112.3Pa。风筒出口的气流分为两个区域，如图 8-3 箭头所示，外区的空气是从风筒内向外排出，而内区则相反，气流从风筒外向风筒内倒吸。根据计算结果显示，在风机出口风筒中心空气的倒吸速度为 0.63m/s，这使风机的有效排风量减少，冷却塔的冷却效果降低。

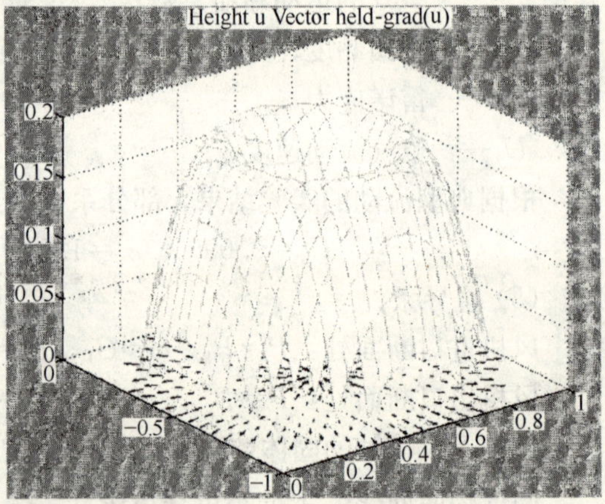

图 8-4　风筒内压力分布

为了消除倒吸现象，作者试制了一种双曲线风筒，即风筒的两端流通面积大，中间流通面积小。现以 DBL-20(2)型封闭式冷却塔为例，说明风筒改进的方法。图 8-5 为原来配置的风筒，风筒直径 1050mm，高 300mm，断面平均空气流速为 8m/s，但中心存在负压区，导致空气倒吸现象的发生。为了消除负压区，同时不使风筒空气阻力增加太大，尝试了一种新的风筒，如图 8-6 所示。新风筒进出口直径 1200mm，喉部空气流速 8.8m/s。两种风筒的主要特征及实测结果列于表 8-4 中。

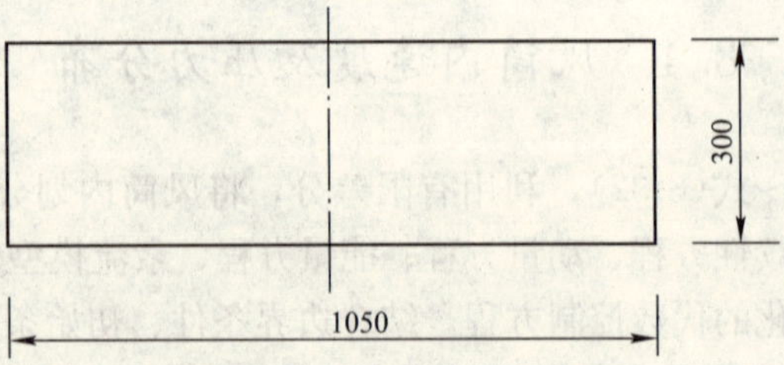

图 8-5　传统风筒外型

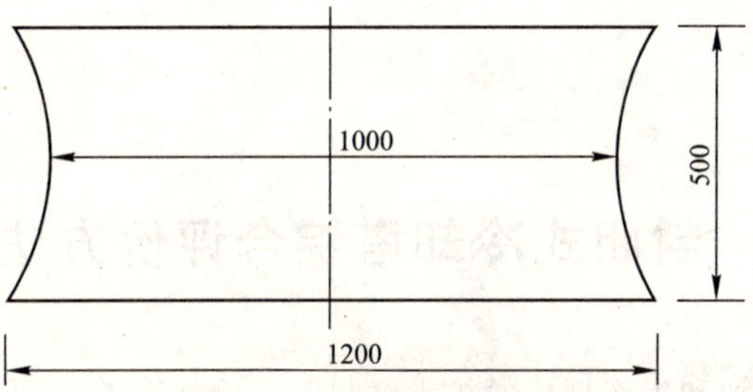

图 8-6　改进风筒外型

冷却塔风筒对比表　　表 8-4

项目	形状	最大直径(mm)	喉部直径(mm)	高度(mm)	出口平均速度(m/s)	入口平均速度(m/s)	喉部平均速度(m/s)	出口中心速度(m/s)	出口中心压力(Pa)
传统风筒	圆筒	1050	1050	300	8.0	8.0	8.0	−0.63	−112.3
改进风筒	双曲线	1200	1000	500	6.1	6.1	8.0	0.36	72.2

实验表明，采用新的风筒后，风机出口风筒中心的压力升为 72.2Pa，流速升为 0.36m/s，彻底消除了倒吸现象。

8.5 小　结

本章在叙述求取封闭式冷却塔进口百叶窗、挡水板、风机进风口、风机出风口等阻力构件局部阻力系数的基础上，重点研究了封闭式冷却塔内空气流经冷却盘管的阻力。通过对冷却盘管外空气流动状况的分析，利用实测数据，建立了反映冷却塔空气流动阻力的准则方程，欧拉数 $Eu=2.57\times10^{-8}\cdot(Re)^2\cdot(P_{rf}/\!/P_{rw})^{0.25}$，利用这个准则方程，可准确地计算空气流经冷却盘管的阻力。

通过对封闭式冷却塔风筒内速度场及压力场的分析研究，对风筒出口中心处的空气流动现象进行了探索，发现在此处存在空气的倒吸现象，进而提出了通过改进风筒形状，消除倒吸现象的方法，有效地提高了冷却塔的冷却效率。

第 9 章　封闭式冷却塔综合评价方法的探讨

随着市场需求的增加和生产规模的扩大，封闭式冷却塔的类别和形式将越来越多，根据空调系统的要求和具体的条件，想要设计出符合需要又比较完善的封闭式冷却塔，至少应满足下列几项要求：首先，应保证空调系统所要求的技术指标；其次，应有足够的强度和可靠的结构；第三应便于制造、安装和检修；第四经济上合理。这些要求之间常常是相互制约的，例如，为了增加强度，所需材料就多，从而影响到经济性。所以，应该仔细分析所有的要求和条件，在许多相互制约的因素中善于全面考虑，从而确定出在具体情况下最好的方案。从长远来看，封闭式冷却塔批量生产之后，也确实需要建立一套全面、客观的考核标准，以促进产品向着部件标准化、生产规范化、产品多样化、操作维修简便化的方向发展，这就提出了封闭式冷却塔如何评价的问题。

9.1　现有冷却塔评价方法

目前，对冷却塔评价的方法主要有以下几种。

9.1.1　按计算冷却水温评价

根据设计条件及实测的热力、阻力特性，计算冷却塔出口水温 T_0，将 T_0 与设计时冷却塔出口水温 T_0' 进行比较，若 $T_0 \leqslant T_0'$，则该冷却塔的冷却效果达到或优于设计值。

9.1.2　按实测冷却水温评价

通过实验，测得一组工况条件下的冷却塔出口水温 T_0，由于实验条件与设计条件的差异，需通过换算方可比较。其比较的方法是：将实测的工况条件代入设计时提供的计算方法和计算公式，计算出冷却塔出口水温 T_0'，如果 $T_0' \geqslant T_0$，则说明冷却塔的实际冷却效果比设计的好。这种方法计算简便，评价结果直观，实验时不需测量进入冷却塔的风量，易保证测试结果的精度，但需要提供计算公式。

9.1.3　日本特性曲线评价方法

日本用式(9-1)评价冷却塔的性能：

$$\eta_1 = \frac{L}{L_d} \times 100\% \tag{9-1}$$

式中　L_d——设计冷却水量；

　　　L——修正到设计条件下的冷却水量。

由于实验条件与设计条件存在差异，故需将实验条件下所测得数据，修正到设计条件下。

在冷却塔特性曲线图上，可根据实测冷却塔的参数，求出修正到设计条件下的冷却水量 L，将 L 代入式(9-1)计算。若 $\eta_1 > 95\%$，则视为该冷却塔达到设计要求。

9.1.4 美国冷却塔协会冷却塔评价方法

美国冷却塔协会评价冷却塔性能的方法有两种：一种是利用特性曲线来评价冷却塔的性能，其方法与日本的基本相同；另一种是利用冷却塔的操作曲线来评价冷却塔的性能。设计单位应提供相当于设计冷却水量的 90%、100%、110%三组曲线组成的操作曲线图，每组曲线以空气湿球温度 τ 为横坐标，冷却塔出口水温 T_0 为纵坐标，冷却幅高 $\Delta t=T_0-\tau$ 为斜线，如图 9-1 所示。

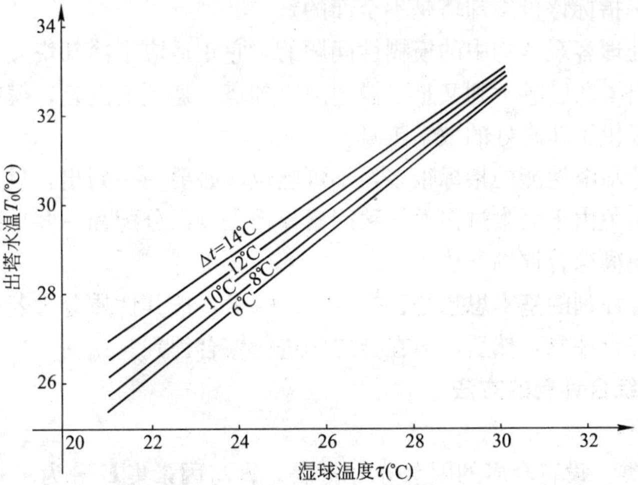

图 9-1 设计冷却水量 110%时操作曲线

将设计单位提供的性能曲线绘制成在实验条件下确定冷却塔能力的曲线。其步骤首先以实验湿球温度 τ 为基础，绘制一组以冷却幅高 Δt 为横坐标，冷却塔出口水温 T_0 为纵坐标，冷却水量 L 为参变数的曲线，如图 9-2 所示。然后，由此组曲线，根据实验条件下冷却幅高 Δt 绘制一条冷却塔出口水温 T_0 和冷却水量 L 之间的关系曲线，如图 9-3 所示。这样在实验条件下，由冷却塔出口水温度就可查得预计保证的冷却水量 L，将实验条件下的冷却水量再进行风机功率的修正。修正后的水流量与预计的水流量之比即可确定冷却塔冷却能力。

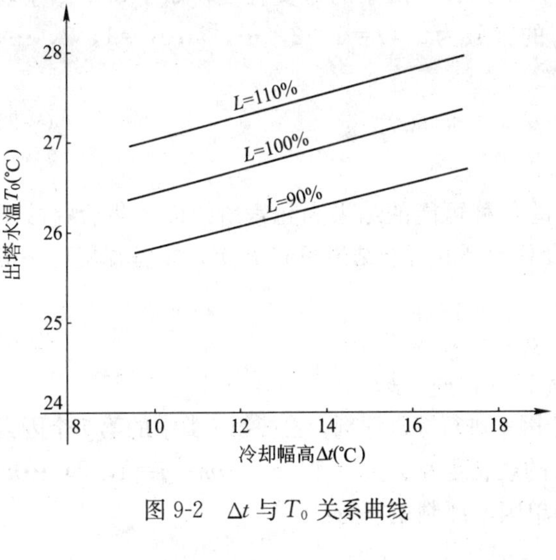

图 9-2 Δt 与 T_0 关系曲线

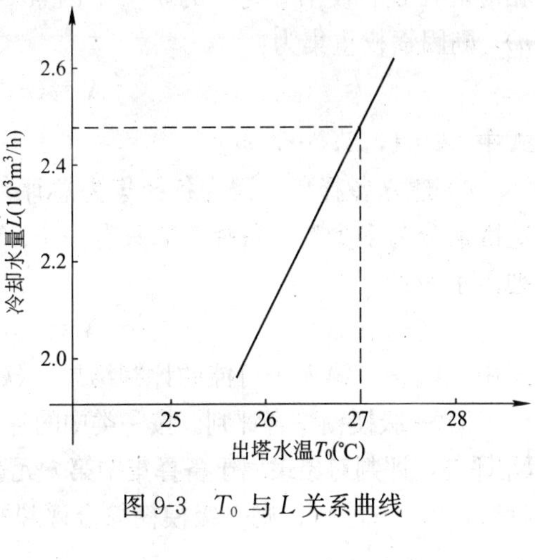

图 9-3 T_0 与 L 关系曲线

9.2 冷却塔综合评价的方法

9.2.1 模糊综合评判的思想

冷却塔的性能指标包括冷却水出口温度、冷却效率系数($\eta=(T_i-T_0)/(T_0-\tau)$)、冷却幅高($T_0-\tau$)、噪声、空气阻力、喷淋水量与冷却水量的比值、初投资、运行费用等。因此，以往用单一指标评价冷却塔是不全面的。

模糊数学是处理客观事物中的模糊性问题的，它正适应了冷却塔发展的迫切需要。模糊数学的要领说出了久已感觉到又难以描述的冷却塔中遇到的问题，模糊数学为封闭式冷却塔的综合评判提供了非常好的数学工具。

衡量封闭式冷却塔性能的指标很多，不可能也没必要一一列出，只需找出具有代表性的指标即可。为避免由于因素过多而导致因素权系数难以分配和一些单因素评判信息的丢失，故采用二级模糊综合评判方法。

二级模糊综合评判的基本思想是：把众多的因素，按其性质分为若干类，先按一类中的各个因素进行综合评判，然后，再在类之间进行综合评判。

9.2.2 模糊综合评判的方法

具体方法如下：

1）将因素分类。设将众多的因素分为 m 类，即将因素集 $\boldsymbol{U}$ 分为 m 个因素子集：

$$\boldsymbol{U}=\{u_1, u_2, \cdots, u_m\} \tag{9-2}$$

设每个因素子集 $\boldsymbol{U}_i(i=1, 2, \cdots, m)$ 有 n 个因素，即：

$$\boldsymbol{U}_j=\{u_{i1}, u_{i2}, \cdots, u_{in}\} \tag{9-3}$$

式中 $\boldsymbol{U}_j$——第 i 类因素子集的第 j 个因素($i=1, 2, \cdots, m$；$j=1, 2, \cdots, m$)。

2）建立因素类权重集。根据各类因素的重要程度，赋予每个因素类以相应的权数。设第 i 类因素 U_{ij} 的权数为 a_i($i=1, 2, \cdots, n$)，则因素类权重集为：

$$\underset{\sim}{\mathbf{A}}=(a_1, a_2, \cdots, a_m) \tag{9-4}$$

3）建立因素权重集。在每一类因素中，根据各个因素的重要程度，赋予每个因素以相应的权数。设第 i 类中的第 j 个因素 $\boldsymbol{U}_{ij}$ 的权数为 a_j($i=1, 2, \cdots, m$；$j=1, 2, \cdots, n$)，则因素权重集为：

$$\underset{\sim}{\mathbf{A}}_i=(a_{i1}, a_{i2}, \cdots, a_{in}) \tag{9-5}$$

式中 $i=1, 2, \cdots, m$。

4）建立备择集。因为备择集为总评判的各种可能的结果为元素所组成的集合，故不论因素分为多少类，备择集都只有一个。设总评判的可能结果只有 P 个，则备择集可一般地表示为：

$$\mathbf{V}=\{v_1, v_2, \cdots, v_p\} \tag{9-6}$$

式中 V_k——第 k 个可能的评判结果，($k=1, 2, \cdots, p$)。

5）一级模糊综合评判。按一类中的各个因素进行综合评判。设按第 i 类中的第 j 个因素 U_{ij} 评判，评判对象隶属于备择集中第 k 元素的隶属度为 γ_{ijk}($i=1, 2, \cdots m$；$j=1, 2, \cdots n$，$k=1, 2, \cdots, p$)，则一级模糊综合评判的单因素评判矩阵为：

$$\underset{\sim}{\boldsymbol{R}}_i=\begin{bmatrix}\gamma_{i11} & \gamma_{i12} & \cdots & \gamma_{i1p}\\ \gamma_{i21} & \gamma_{i22} & \cdots & \lambda_{i2p}\\ \cdots & \cdots & \cdots & \cdots\\ \gamma_{in1} & \lambda_{in2} & \cdots & \gamma_{inp}\end{bmatrix} \tag{9-7}$$

式中 $i=1,2,\cdots,m$。

矩阵的第 j 行，表示按第 j 类中的第 j 个因素 $\boldsymbol{U}_{ij}$ 评判的结果。第 i 类中有多少个因素，$\underset{\sim}{\boldsymbol{R}}_i$ 阵便有多少行；备择集有多少个元素，$\underset{\sim}{\boldsymbol{R}}_i$ 阵便有多少列。

于是，第 i 类因素的模糊综合评判集为：

$$\begin{aligned}\underset{\sim}{\boldsymbol{B}}_i&=\underset{\sim}{\boldsymbol{A}}_i\cdot\underset{\sim}{\boldsymbol{R}}_i\\ &=(a_{i1},a_{i2},\cdots a_{in})\begin{bmatrix}\gamma_{i11} & \gamma_{i12} & \cdots & \gamma_{i1p}\\ \gamma_{i21} & \gamma_{i22} & \cdots & \lambda_{i2p}\\ \cdots & \cdots & \cdots & \cdots\\ \gamma_{in1} & \lambda_{in2} & \cdots & \gamma_{inp}\end{bmatrix}\\ &=(b_{i1},b_{i2},\cdots,b_{ip})\end{aligned} \tag{9-8}$$

式中 $b_{ik}=\bigvee_{j=1}^{n}(a_{ij}\Lambda\gamma_{ijk})$ (9-9)

式中 $i=1,2,\cdots,m$；$k=1,2,\cdots,p$。

6）二级模糊综合评判。一级模糊综合评判仅是对一类中的各个因素进行综合，为了考虑各类因素的综合影响，还必须在类之间进行综合，这便是二级模糊综合评判。

二级模糊综合评判时的单因素评判，应为相应的一级模糊综合评判。因此，二级模糊综合评判的单因素评判矩阵，应为一级模糊综合评判矩阵：

$$\underset{\sim}{\boldsymbol{R}}=\begin{bmatrix}\underset{\sim}{\boldsymbol{B}}_1\\ \underset{\sim}{\boldsymbol{B}}_1\\ \vdots\\ \underset{\sim}{\boldsymbol{B}}_m\end{bmatrix}=\begin{bmatrix}\underset{\sim}{\boldsymbol{A}}_1\cdot\underset{\sim}{\boldsymbol{R}}_1\\ \underset{\sim}{\boldsymbol{A}}_2\cdot\underset{\sim}{\boldsymbol{R}}_2\\ \vdots\\ \underset{\sim}{\boldsymbol{A}}_m\cdot\underset{\sim}{\boldsymbol{R}}_m\end{bmatrix}=[\gamma_{ik}] \tag{9-10}$$

式中 $\gamma_{ik}=b_{ik}(i=1,2,\cdots,m;k=1,2,\cdots,p)$。

于是，二级模糊综合评判集为：

$$\begin{aligned}\underset{\sim}{\boldsymbol{B}}&=\underset{\sim}{\boldsymbol{A}}\cdot\underset{\sim}{\boldsymbol{R}}=\underset{\sim}{\boldsymbol{A}}\cdot\begin{bmatrix}\underset{\sim}{\boldsymbol{A}}_1\cdot\underset{\sim}{\boldsymbol{R}}_1\\ \underset{\sim}{\boldsymbol{A}}_2\cdot\underset{\sim}{\boldsymbol{R}}_2\\ \vdots\\ \underset{\sim}{\boldsymbol{A}}_m\cdot\underset{\sim}{\boldsymbol{R}}_m\end{bmatrix}\\ &=(b_1,b_2,\cdots,b_p)\end{aligned} \tag{9-11}$$

$$b_k=\bigvee_{i=1}^{m}(a_i\Lambda\gamma_{ik}) \tag{9-12}$$

式中 $k=1,2,\cdots,p$。

b_k 即为二级模糊综合评判指标，它表示评判对象按所有各类因素评判时，对备择集中第 k 个元素的隶属度。

9.3 二级模糊综合评判数学模型

9.3.1 性能指标的分类

根据衡量封闭式冷却塔性能的指标性质，可将其分为三类：第一类，热力性能指标，如冷却水出口温度(U_{11})、冷却效率系数(U_{12})、冷却幅高(U_{13})；第二类，空气侧特性，如空气阻力 (U_{21})、噪声 (U_{22})、喷水量与冷却水量之比 (U_{23})；第三类，经济性指标，包括初投资(U_{31})、运行费用(U_{32})。

9.3.2 权重集的建立

衡量空调用封闭式冷却塔性能的指标其作用程度是不一样的，应赋予不同的权重，根据实际工程经验，分别取0.5、0.3、0.2，即$\boldsymbol{A}=(0.5, 0.3, 0.2)$；同时每类评价指标中的各项分指标在评价封闭式冷却塔性能中的作用程度也是不同的，经研究，第一、二、三类指标中各项分指标的权重分别为$\boldsymbol{A}_1=(0.6, 0.2, 0.2)$；$\boldsymbol{A}_2=(0.3, 0.4, 0.3)$；$\boldsymbol{A}_3=(0.4, 0.6)$。

9.3.3 一级模糊综合评判

确定每一个性能指标的隶属度是建立模糊矩阵 $\underset{\sim}{R}$ 的关键。从表9-1可见，有些指标有精确的数量，有些则没有。下面分别采用不同的方式来确定其隶属度。

封闭式冷却塔性能参数　　表9-1

性能指标	型号		
	DBL-20(1)	DBL-20(2)	DBL-20(3)
冷却水出口温度(℃)	32	30	31
冷却效率系数	0.5	0.7	0.6
冷却幅高(℃)	5	7	5
空气阻力(Pa)	410	72	67
噪声[dB(A)]	高	一般	低
喷水量/冷却水量	少	一般	多
初投资	低	高	一般
运行费用	高	低	一般

注：DBL-20(1)、DBL-20(2)、DBL-20(3)分别表示用铜管串铝片、光滑铜管、光滑钢管作为冷却盘管制造的封闭式冷却塔。

(1) 冷却水出口温度隶属度

空调用封闭式冷却塔冷却水出口温度是一个重要参数，对大多数制冷机而言，当冷却水入口温度大于32℃时，就自动停机。经研究采用下列隶属函数来求取冷却水出口温度的隶属度。

$$\mu(U_{11})=\begin{cases}1 & (0<U_{11}\leqslant 25)\\ \dfrac{1}{2}-\dfrac{1}{2}\sin\dfrac{\pi}{7}(U_{11}-28) & (25<U_{11}<32)\\ 0 & (U_{11}\geqslant 32)\end{cases} \tag{9-13}$$

(2) 冷却效率系数隶属度

冷却塔的冷却效率系数反映了冷却塔中热量交换的完善程度，用下列隶属函数来表达。

$$\mu(U_{12})=\begin{cases}0 & (U_{12}\leqslant 0.2)\\ 1-e^{-(u_{12}-0.2)^2} & (U_{12}>0.2)\end{cases} \tag{9-14}$$

(3) 冷却幅高隶属度

冷却塔出口水温与空气湿球温度越接近，冷却塔的冷却效果越好，用下列隶属函数来表达。

$$\mu(U_{13})=\frac{10}{1+U_{13}^2} \tag{9-15}$$

(4) 空气阻力隶属度

在空调用封闭式冷却塔中，空气侧阻力越小，耗能量就越小。空气阻力的隶属度用下列公式计算。

$$\mu(U_{14})=\begin{cases}\dfrac{10}{1+0.5(U_{14}-60)^2} & (U_{14}\geqslant 60)\\ 1 & (U_{14}<60)\end{cases} \tag{9-16}$$

(5) 其他指标的隶属度

空调用封闭式冷却塔的噪声、喷水量与冷却水量之比、初投资、运行费用等指标的隶属度，根据实际工程经验来确定，具体数值见表 9-2。

封闭式冷却塔性能指标的隶属度 **表 9-2**

性能指标	型号		
	DBL-20(1)	DBL-20(2)	DBL-20(3)
冷却水出口温度(U_{11})	0.484	0.492	0.488
冷却效率系数 U_{12}	0.086	0.221	0.148
冷却幅高 U_{13}	0.385	0.200	0.270
空气阻力 U_{21}	0.000	0.137	0.392
噪声 U_{22}	0.5	0.6	0.7
喷水量/冷却水量 U_{23}	0.8	0.6	0.4
初投资 U_{31}	0.7	0.3	0.5
运行费用 U_{32}	0.3	0.9	0.6

由表 9-2 可得到第一、二、三类性能指标的单因素评价矩阵。

$$\underset{\sim}{\boldsymbol{R}}_1=\begin{bmatrix}0.484 & 0.492 & 0.488\\ 0.086 & 0.221 & 0.148\\ 0.385 & 0.200 & 0.270\end{bmatrix}$$

$$\underset{\sim}{\boldsymbol{R}}_2=\begin{bmatrix}0.000 & 0.137 & 0.392\\ 0.5 & 0.6 & 0.7\\ 0.8 & 0.6 & 0.4\end{bmatrix}$$

$$\underset{\sim}{R}_3=\begin{bmatrix}0.7 & 0.3 & 0.5\\0.3 & 0.9 & 0.6\end{bmatrix}$$

则一级模糊综合评判集为：

$$\underset{\sim}{B}_1=\underset{\sim}{A}_1\cdot\underset{\sim}{R}_1=(0.6,\ 0.2,\ 0.2)\begin{bmatrix}0.484 & 0.492 & 0.488\\0.086 & 0.221 & 0.148\\0.385 & 0.200 & 0.270\end{bmatrix}$$

$$=(0.385,\ 0.379,\ 0.367)$$

$$\underset{\sim}{B}_2=\underset{\sim}{A}_2\cdot\underset{\sim}{R}_2=(0.3,\ 0.4,\ 0.3)\begin{bmatrix}0.000 & 0.137 & 0.392\\0.5 & 0.6 & 0.7\\0.8 & 0.6 & 0.4\end{bmatrix}$$

$$=(0.440,\ 0.461,\ 0.518)$$

$$\underset{\sim}{B}_3=\underset{\sim}{A}_3\cdot\underset{\sim}{R}_3=(0.4,\ 0.6)\begin{bmatrix}0.7 & 0.3 & 0.5\\0.3 & 0.9 & 0.6\end{bmatrix}$$

$$=(0.46,\ 0.66,\ 0.56)$$

9.3.4 二级模糊综合评判

二级模糊综合评价矩阵为：

$$\underset{\sim}{R}=\begin{bmatrix}\underset{\sim}{B}_1\\\underset{\sim}{B}_2\\\underset{\sim}{B}_3\end{bmatrix}$$

则二级模糊综合评判集为：

$$\underset{\sim}{B}=\underset{\sim}{A}\cdot\underset{\sim}{R}=(0.4,\ 0.3,\ 0.2)\begin{bmatrix}0.385 & 0.372 & 0.367\\0.440 & 0.461 & 0.518\\0.46 & 0.66 & 0.56\end{bmatrix}$$

$$=(0.405,\ 0.460,\ 0.451)$$

将综合评判的结果归一化后，得

$$\underset{\sim}{B}=(0.308,\ 0.350,\ 0.342)$$

根据模糊数学理论，由上式可见，对这三种封闭式冷却塔，从冷却水出口温度、冷却效率系数、冷却幅高、空气阻力、噪声、喷水量与冷却水量之比、初投资、运行费用等指标全面评价：DBL-20(1)型封闭式冷却塔的优良程度为30.8%，DBL-20(2)封闭式冷却塔的优良程度为35.0%，DBL-20(3)型封闭式冷却塔的优良程度为34.2%，也就是说，从其综合性能来看DBL-20(2)型空调用封闭式冷却塔(用光滑铜管作为冷却盘管)最好，其次为DBL-20(3)型(用光滑钢管作为冷却盘管)，最差为DBL-20(1)型(用铜管串铝片作为冷却盘管)。

模糊综合评判为封闭式冷却塔的全面、客观评价提供了一种有效的定量方法，隶属度和权重的分配在综合评判中起着重要的作用，为了减少人为主观因素的影响，使得给出的隶属度和权重与实际情况相符，以提高模糊综合评判的准确度，采用数理统计的方法是比较客观的。

9.4 小　　结

本章首先介绍了我国、日本、美国等传统冷却塔性能评价方法，这些评价方法的一个共同点，就是只有一个指标，例如，冷却塔出口水温或冷却能力。经分析发现，这种评价方法是不全面的。

本章重点介绍了作者利用二级模糊综合评判评价封闭式冷却塔性能的方法，以冷却水出口水温、冷却效率系数、冷却幅高、空气阻力、噪声、喷水量与冷却水量之比、初投资、运行费用作为一级模糊综合评判因子并建立了与之对应的隶属函数。进而，以热力性能、空气侧特性、经济性为二级模糊综合评判因子，根据工程经验建立了一、二级模糊因子的权重集，通过模糊矩阵运算，得出了封闭式冷却塔全面、客观的评判结果。

附　录

附录1　饱和水和饱和水蒸气热力性质表(按温度排列)

温度(℃)	饱和压力 (MPa)	比体积(m^3/kg)		比焓(kJ/kg)		汽化潜热 (kJ/kg)	比熵［kJ/(kg·K)］	
		液　体	蒸　汽	液　体	蒸　汽		液　体	蒸　汽
0.00	0.0006112	0.00100022	206.154	−0.05	2500.51	2500.6	−0.0002	9.1544
0.01	0.0006117	0.00100021	206.012	0.00	2500.53	2500.5	0.0000	9.1541
1	0.0006571	0.00100018	192.464	4.18	2502.35	2498.2	0.0153	9.1278
2	0.0007059	0.00100013	179.787	8.39	2504.19	2495.8	0.0306	9.1014
3	0.0007580	0.00VT0009	168.041	12.61	2506.03	2493.4	0.0459	9.0752
4	0.0008135	0.00100008	157.151	16.82	2507.87	2491.1	0.0611	9.0493
5	0.0008725	0.00100008	147.048	21.02	2509.71	2488.7	0.0763	9.0236
6	0.0009352	0.00100010	137.670	25.22	2511.55	2486.3	0.0913	8.9982
7	0.0010019	0.00100014	128.961	29.42	2513.39	2484.0	0.1063	8.9730
8	0.0010728	0.00100019	120.868	33.62	2515.23	2481.6	0.1213	8.9480
9	0.0011480	0.00100026	113.342	37.81	2517.06	2479.3	0.1362	8.9233
10	0.0012279	0.00100034	106.341	42.00	2518.90	2476.9	0.1510	8.8988
11	0.0013126	0.00100043	99.825	46.19	2520.74	2474.5	0.1658	8.8745
12	0.0014025	0.00100054	93.756	50.38	2522.57	2472.2	0.1805	8.8504
13	0.0014977	0.00100066	88.101	54.57	2524.41	2469.8	0.1952	8.8265
14	0.0015985	0.00100080	82.828	58.76	2526.24	2467.5	0.2098	8.8029
15	0.0017053	0.00100094	77.910	62.95	2528.07	2465.1	0.2243	8.7794
16	0.0018183	0.00100110	73.320	67.13	2529.90	2462.8	0.2388	8.7562
17	0.0019377	0.00100127	69.034	71.32	2531.72	2460.4	0.2533	8.7331
18	0.0020640	0.00100145	65.029	75.50	2533.55	2458.1	0.2677	8.7103
19	0.0021975	0.00100165	61.287	79.68	2535.37	2455.7	0.2820	8.6877
20	0.0023385	0.00100185	57.786	83.86	2537.20	2453.3	0.2963	8.6652
22	0.0026444	0.00100229	51.445	92.23	2540.84	2448.6	0.3247	8.6210
24	0.0029846	0.00100276	45.884	100.59	2544.47	2443.9	0.3530	8.5774
26	0.0033625	0.00100328	40.997	108.95	2548.10	2439.2	0.3810	8.5347
28	0.0037814	0.00100383	36.694	117.32	2551.73	2434.4	0.4089	8.4927
30	0.0042451	0.00100442	32.899	125.68	2555.35	2429.7	0.4366	8.4514

续表

温度(℃)	饱和压力(MPa)	比体积(m^3/kg)		比焓(kJ/kg)		汽化潜热(kJ/kg)	比熵[kJ/(kg·K)]	
		液 体	蒸 汽	液 体	蒸 汽		液 体	蒸 汽
35	0.0056263	0.00100605	25.222	146.59	2564.38	2417.8	0.5050	8.3511
40	0.0073811	0.00100789	19.529	167.50	2573.36	2405.9	0.5723	8.2551
45	0.0095897	0.00100993	15.2636	188.42	2582.30	2393.9	0.6386	8.1630
50	0.0123446	0.00101216	12.0365	209.33	2591.19	2381.9	0.7038	8.0745
55	0.015752	0.00101455	9.5723	230.24	2600.02	2369.8	0.7680	7.9896
60	0.019933	0.00101713	7.6740	251.15	2608.79	2357.6	0.8312	7.9080
65	0.025024	0.00101986	6.1992	272.08	2617.48	2345.4	0.8935	7.8295
70	0.031178	0.00102276	5.0443	293.01	2626.10	2333.1	0.9550	7.7540
75	0.038565	0.00102582	4.1330	313.96	2634.63	2320.7	1.0156	7.6812
80	0.047376	0.00102903	3.4086	334.93	2643.06	2308.1	1.0753	7.6112
85	0.057818	0.00103240	2.8288	355.92	2651.40	2295.5	1.1343	7.5436
90	0.070121	0.00103593	2.3616	376.94	2659.63	2282.7	1.1926	7.4783
95	0.084533	0.00103961	1.9827	397.98	2667.73	2269.7	1.2501	7.4154
100	0.101325	0.00104344	1.6736	419.06	2675.71	2256.6	1.3069	7.3545
110	0.143243	0.00105156	1.2106	461.33	2691.26	2229.9	1.4186	7.2386
120	0.198483	0.00106031	0.89219	503.76	2706.18	2202.4	1.5277	7.1297
130	0.270018	0.00106968	0.66873	546.38	2720.39	2174.0	1.6346	7.0272
140	0.361190	0.00107972	0.50900	589.21	2733.81	2144.6	1.7393	6.9302
150	0.47571	0.00109046	0.39286	632.28	2746.35	2114.1	1.8420	6.8381
160	0.61766	0.00110193	0.30709	675.62	2757.92	2082.3	1.9429	6.7502
170	0.79147	0.00111420	0.24283	719.25	2768.42	2049.2	2.0420	6.6661
180	1.00193	0.00112732	0.19403	763.22	2777.74	2014.5	2.1396	6.5852
190	1.25417	0.00114136	0.15650	807.56	2785.80	1978.2	2.2358	6.5071
200	1.55366	0.00115641	0.12732	852.34	2792.47	1940.1	2.3307	6.4312
210	1.90617	0.00117258	0.10438	897.62	2797.65	1900.0	2.4245	6.3571
220	2.31783	0.00119000	0.086157	943.46	2801.20	857.7	2.5175	6.2846
230	2.79505	0.00120882	0.071553	989.95	2803.00	813.0	2.6096	6.2130
240	3.34459	0.00122922	0.059743	1037.2	2802.88	765.7	2.7013	6.1422
250	3.97351	0.00125145	0.050112	1085.3	2800.66	715.4	2.7926	6.0716
260	4.68923	0.00127579	0.042195	1134.3	2796.14	661.8	2.8837	6.0007
270	5.49956	0.00130262	0.035637	1184.5	2789.05	604.5	2.9751	5.9292
280	6.41273	0.00133242	0.030165	1236.0	2779.08	1543.1	3.0668	5.8564
290	7.43746	0.00136582	0.025565	1289.1	2765.81	1476.7	3.1594	5.7817
300	8.58308	0.00140369	0.021669	1344.0	2748.71	1404.7	3.2533	5.7042
310	9.8597	0.00144728	0.018343	1401.2	2727.01	1325.9	3.3490	5.6226

续表

温度(℃)	饱和压力(MPa)	比体积(m^3/kg)		比焓(kJ/kg)		汽化潜热(kJ/kg)	比熵[kJ/(kg·K)]	
		液体	蒸汽	液体	蒸汽		液体	蒸汽
320	11.278	0.00149844	0.015479	1461.2	2699.72	1238.5	3.4475	5.5356
330	12.851	0.00156008	0.012987	1524.9	2665.30	1140.4	3.5500	5.4408
340	14.593	0.00163728	0.010790	1593.7	2621.32	1027.6	3.6586	5.3345
350	16.521	0.00174008	0.008812	1670.3	2563.39	893.0	3.7773	5.2104
360	18.657	0.00189423	0.006958	1761.1	2481.68	720.6	3.9155	5.0536
370	21.033	0.00221480	0.004982	1891.7	2338.79	447.1	4.1125	4.8076
371	21.286	0.00227969	0.004735	1911.8	2314.11	402.3	4.1429	4.7674
372	21.542	0.00236530	0.004451	1936.1	2282.99	346.9	4.1796	4.7173
373	21.802	0.00249600	0.004087	1968.8	2237.98	269.2	4.2292	4.6458
373.99	22.064	0.003106	0.003106	2085.9	2085.9	0.0	4.4092	4.4092

附录2 饱和水和饱和水蒸气热力性质表(按压力排列)

压力(MPa)	饱和温度(℃)	比体积(m^3/kg)		比焓(kJ/kg)		汽化潜热(kJ/kg)	比熵[kJ/(kg·K)]	
		液体	蒸汽	液体	蒸汽		液体	蒸汽
0.0010	6.9491	0.0010001	129.185	29.21	2513.29	2484.1	0.1056	8.9735
0.0020	17.5403	0.0010014	67.008	73.58	2532.71	2459.1	0.2611	8.7220
0.0030	24.1142	0.0010028	45.666	101.07	2544.68	2443.6	0.3546	8.5758
0.0040	28.9533	0.0010041	34.796	121.30	2553.45	2432.2	0.4221	8.4725
0.0050	32.8793	0.0010053	28.101	137.72	2560.55	2422.8	0.4761	8.3930
0.0060	36.1663	0.0010065	23.738	151.47	2566.48	2415.0	0.5208	8.3283
0.0070	38.9967	0.0010075	20.528	163.31	2571.56	2408.3	0.5589	8.2737
0.0080	41.5075	0.0010085	18.102	173.81	2576.06	2402.3	0.5924	8.2266
0.0090	43.7901	0.0010094	16.204	183.36	2580.15	2396.8	0.6226	8.1854
0.010	45.7988	0.0010103	14.673	191.76	2583.72	2392.0	0.6490	8.1481
0.015	53.9705	0.0010140	10.022	225.93	2598.21	2372.3	0.7548	8.0065
0.020	60.0650	0.0010172	7.6497	251.43	2608.90	2357.5	0.8320	7.9068
0.025	64.9726	0.0010198	6.2047	271.96	2617.43	2345.5	0.8932	7.8298
0.030	69.1041	0.0010222	5.2296	289.26	2624.56	2335.3	0.9440	7.7671
0.040	75.8720	0.0010264	3.9939	317.61	2636.10	2318.5	1.0260	7.6688
0.050	81.3388	0.0010299	3.2409	340.55	2645.31	2304.8	1.0912	7.5928
0.060	85.9496	0.0010331	2.7324	359.91	2652.97	2293.1	1.1454	7.5310
0.070	89.9556	0.0010359	2.3654	376.75	2659.55	2282.8	1.1921	7.4789
0.080	93.5107	0.0010385	2.0876	391.71	2665.33	2273.6	1.2330	7.4339

续表

压力(MPa)	饱和温度(℃)	比体积(m^3/kg)		比焓(kJ/kg)		汽化潜热(kJ/kg)	比熵[kJ/(kg·K)]	
		液　体	蒸　汽	液　体	蒸　汽		液　体	蒸　汽
0.090	96.7121	0.0010409	1.8698	405.20	2670.48	2265.3	1.2696	7.3943
0.10	99.634	0.0010432	1.6943	417.52	2675.14	2257.6	1.3028	7.3589
0.12	104.810	0.0010473	1.4287	439.37	2683.26	2243.9	1.3609	7.2978
0.14	109.318	0.0010510	1.2368	458.44	2690.22	2231.8	1.4110	7.2462
0.16	113.326	0.0010544	1.09159	475.42	2696.29	2220.9	1.4552	7.2016
0.18	116.941	0.0010576	0.97767	490.76	2701.69	2210.9	1.4946	7.1623
0.20	120.240	0.0010605	0.88585	504.78	2706.53	2201.7	1.5303	7.1272
0.25	127.444	0.0010672	0.71879	535.47	2716.83	2181.4	1.6075	7.0528
0.30	133.556	0.0010732	0.60587	561.58	2725.26	2163.7	1.6721	6.9921
0.35	138.891	0.0010786	0.52427	584.45	2732.37	2147.9	1.7278	6.9407
0.40	143.642	0.0010835	0.46246	604.87	2738.49	2133.6	1.7769	6.8961
0.50	151.867	0.0010925	0.37486	640.35	2748.59	2108.2	1.8610	6.8214
0.60	158.863	0.0011006	0.31563	670.67	2756.66	2086.0	1.9315	6.7600
0.70	164.983	0.0011079	0.27281	697.32	2763.29	2066.0	1.9925	6.7079
0.80	170.444	0.0011148	0.24037	721.20	2768.86	2047.7	2.0464	6.6625
0.90	175.389	0.0011212	0.21491	742.90	2773.59	2030.7	2.0948	6.6222
1.00	179.916	0.0011272	0.19438	762.84	2777.67	2014.8	2.1388	6.5859
1.10	184.100	0.0011330	0.17747	781.35	2781.21	999.9	2.1792	6.5529
1.20	187.995	0.0011385	0.16328	798.64	2784.29	985.7	2.2166	6.5225
1.30	191.644	0.0011438	0.15120	814.89	2786.99	972.1	2.2515	6.4944
1.40	195.078	0.0011489	0.14079	830.24	2789.37	959.1	2.2841	6.4683
1.50	198.327	0.0011538	0.13172	844.82	2791.46	946.6	2.3149	6.4437
1.60	201.410	0.0011586	0.12375	858.69	2793.29	934.6	2.3440	6.4206
1.70	204.346	0.0011633	0.11668	871.96	2794.91	923.0	2.3716	6.3988
1.80	207.151	0.0011679	0.11037	884.67	2796.33	911.7	2.3979	6.3781
1.90	209.838	0.0011723	0.104707	896.88	2797.58	900.7	2.4230	6.3583
2.00	212.417	0.0011767	0.099588	908.64	2798.66	890.0	2.4471	6.3395
2.20	217.289	0.0011851	0.090700	930.97	2800.41	1869.4	2.4924	6.3041
2.40	221.829	0.0011933	0.083244	951.91	2801.67	1849.8	2.5344	6.2714
2.60	226.085	0.0012013	0.076898	971.67	2802.51	1830.8	2.5736	6.2409
2.80	230.096	0.0012090	0.071427	990.41	2803.01	1812.6	2.6105	6.2123
3.00	233.893	0.0012166	0.066662	1008.2	2803.19	1794.9	2.6454	6.1854
3.50	242.597	0.0012348	0.057054	1049.6	2802.51	1752.9	2.7250	6.1238
4.00	250.394	0.0012524	0.049771	1087.2	2800.53	1713.4	2.7962	6.0688
5.00	263.980	0.0012862	0.039439	1154.2	2793.64	1639.5	2.9201	5.9724

续表

压力(MPa)	饱和温度(℃)	比体积(m^3/kg)		比焓(kJ/kg)		汽化潜热(kJ/kg)	比熵[kJ/(kg·K)]	
		液体	蒸汽	液体	蒸汽		液体	蒸汽
6.00	275.625	0.0013190	0.032440	1213.3	2783.82	1570.5	3.0266	5.8885
7.00	285.869	0.0013515	0.027371	1266.9	2771.72	1504.8	3.1210	5.8129
8.00	295.048	0.0013843	0.023520	1316.5	2757.70	1441.2	3.2066	5.7430
9.00	303.385	0.0014177	0.020485	1363.1	2741.92	1378.9	3.2854	5.6771
10.0	311.037	0.0014522	0.018026	1407.2	2724.46	1317.2	3.3591	5.6139
11.0	318.118	0.0014881	0.015987	1449.6	2705.34	1255.7	3.4287	5.5525
12.0	324.715	0.0015260	0.014263	1490.7	2684.50	1193.8	3.4952	5.4920
13.0	330.894	0.0015662	0.012780	1530.8	2661.80	1131.0	3.5594	5.4318
14.0	336.707	0.0016097	0.011486	1570.4	2637.07	1066.7	3.6220	5.3711
15.0	342.196	0.0016571	0.010340	1609.8	2610.01	1000.2	3.6836	5.3091
16.0	347.396	0.0017099	0.009311	1649.4	2580.21	930.8	3.7451	5.2450
17.0	352.334	0.0017701	0.008373	1690.0	2547.01	857.1	3.8073	5.1776
18.0	357.034	0.0018402	0.007503	1732.0	2509.45	777.4	3.8715	5.1051
19.0	361.514	0.0019258	0.006679	1776.9	2465.87	688.9	3.9395	5.0250
20.0	365.789	0.0020379	0.005870	1827.2	2413.05	585.9	4.0153	4.9322
21.0	369.868	0.0022073	0.005012	1889.2	2341.67	452.4	4.1088	4.8124
22.0	373.752	0.0027040	0.003684	2013.0	2084.02	71.0	4.2969	4.4066
22.064	373.99	0.003106	0.003106	2085.9	2085.9	0.0	4.4092	4.4092

附录3 在1000mbar时的饱和空气状态参数表

干球温度(℃)	水蒸气压力(mbar)	含温量(g/kg)	饱和焓(kJ/kg)	密度(kg/m^3)	汽化热(kJ/kg)
−20	1.03	0.64	−18.5	1.38	2839
−19	1.13	0.71	−17.4	1.37	2839
−18	1.25	0.78	−16.4	1.36	2839
−17	1.37	0.85	−15.0	1.36	2838
−16	1.50	0.94	−13.8	1.35	2838
−15	1.65	1.03	−12.5	1.35	2838
−14	1.81	1.13	−11.3	1.34	2838
−13	1.98	1.23	−10.0	1.34	2838
−12	2.17	1.35	−8.7	1.33	2837
−11	2.37	1.48	−7.4	1.33	2837
−10	2.59	1.62	−6.0	1.32	2837
−9	2.83	1.77	−4.6	1.32	2836
−8	3.09	1.93	−3.2	1.31	2836

续表

干球温度(℃)	水蒸气压力(mbar)	含温量(g/kg)	饱和焓(kJ/kg)	密度(kg/m³)	汽化热(kJ/kg)
−7	3.38	2.11	−1.8	1.31	2836
−6	3.68	2.30	−0.3	1.30	2836
−5	4.01	2.50	+1.2	1.30	2835
−4	4.37	2.73	+2.8	1.29	2835
−3	4.75	2.97	+4.4	1.29	2835
−2	5.17	3.23	+6.0	1.28	2834
−1	5.62	3.52	+7.8	1.28	2834
0	6.11	3.82	9.5	1.27	2500
1	6.56	4.11	11.3	1.27	2498
2	7.05	4.42	13.1	1.26	2496
3	7.57	4.75	14.9	1.26	2493
4	8.13	5.10	16.8	1.25	2491
5	8.72	5.47	18.7	1.25	2489
6	9.35	5.87	20.7	1.24	2486
7	10.01	6.29	22.8	1.24	2484
8	10.72	6.74	25.0	1.23	2481
9	11.47	7.22	27.2	1.23	2479
10	12.27	7.73	29.5	1.22	2477
11	13.12	8.27	31.9	1.22	2475
12	14.01	8.84	34.4	1.21	2472
13	15.00	9.45	37.0	1.21	2470
14	15.97	10.10	39.5	1.21	2468
15	17.04	10.78	42.3	1.20	2465
16	18.17	11.51	45.2	1.20	2463
17	19.36	12.28	48.2	1.19	2460
18	20.62	13.10	51.3	1.19	2458
19	21.96	13.97	54.5	1.18	2456
20	23.37	14.88	57.9	1.18	2453
21	24085	15.85	61.4	1.17	2451
22	26.42	16.88	65.0	1.17	2448
23	28.08	17.97	68.8	1.16	2446
24	29.82	19.12	72.8	1.16	2444
25	31.67	20.34	76.9	1.15	2441
26	33.60	21.63	81.3	1.15	2439
27	35.64	22.99	85.8	1.14	2437
28	37.78	24.42	90.5	1.14	2434
29	40.04	25.94	95.4	1.14	2432
30	42.41	27.52	100.5	1.13	2430

续表

干球温度(℃)	水蒸气压力(mbar)	含温量(g/kg)	饱和焓(kJ/kg)	密度(kg/m³)	汽化热(kJ/kg)
31	44.91	29.25	106.0	1.13	2427
32	47.53	31.07	111.7	1.12	2425
33	50.29	32.94	117.6	1.12	2422
34	53.18	34.94	123.7	1.11	2420
35	56.22	37.05	130.2	1.11	2418
36	59.40	39.28	137.0	1.10	2415
37	62.74	41.64	144.2	1.10	2413
38	66.24	44.12	151.6	1.09	2411
39	69.91	46.75	159.5	1.08	2408
40	73.75	49.52	167.7	1.08	2406
41	77.77	52.45	176.4	1.08	2403
42	81.98	55.54	185.5	1.07	2401
43	86.39	58.82	195.0	1.07	2398
44	91.00	62.56	205.0	1.06	2396
45	95.82	65.92	218.6	1.05	2394
46	100.85	69.76	226.7	1.05	2391
47	106.12	73.84	238.4	1.04	2389
48	111.62	78.15	250.7	1.04	2386
49	117.36	82.70	263.6	1.03	2384
50	123.35	87.52	277.3	1.03	2382
51	128.60	92.62	291.7	1.02	2379
52	136.13	98.01	306.8	1.02	2377
53	142.93	103.73	322.9	1.01	2375
54	150.02	109.80	339.8	1.00	2372
55	157.41	116.19	357.7	1.00	2370
56	165.09	123.00	376.7	0.99	2367
57	173.12	130.23	396.8	0.99	2365
58	181.46	137.89	418.0	0.98	2363
59	190.15	146.04	440.6	0.97	2360
60	199.17	154.72	464.5	0.97	2358
65	250.10	207.44	609.2	0.93	2345
70	311.60	281.54	811.1	0.90	2333
75	385.5	390.20	1105.7	0.85	2320
80	473.60	559.61	1563.0	0.81	2309
85	578.00	851.90	2351.0	0.76	2295
90	701.10	1459.00	3983.0	0.70	2282
95	845.20	3396.00	9190.0	0.64	2269
100	1013.00			0.60	2257

附录 4 未饱和水与过热蒸汽表

p	0.001MPa(t_s=6.949℃)			0.005MPa(t_s=32.879℃)		
	v'	h'	s'	v'	h'	s'
	0.001001	29.21	0.1056	0.0010053	137.72	0.4761
	m^3/kg	kJ/kg	kJ/(kg·K)	m^3/kg	kJ/kg	kJ/(kg·K)
	v''	h''	s''	v''	h''	s''
	0.001001	29.21	0.1056	28.191	2560.6	8.3930
	m^3/kg	kJ/kg	kJ/(kg·K)	m^3/kg	kJ/kg	kJ/(kg·K)
t (℃)	v (m^3/kg)	h (kJ/kg)	s [kJ/(kg·K)]	v (m^3/kg)	h (kJ/kg)	s [kJ/(kg·K)]
0	0.001002	−0.05	−0.0002	0.0010002	−0.05	−0.0002
10	130.598	2519.0	8.9938	0.0010003	42.01	0.1510
20	135.226	2537.7	9.0588	0.0010018	83.87	0.2963
40	144.475	2575.2	9.1823	28.854	2574.0	8.43466
60	153.717	2612.7	9.2984	30.712	2611.8	8.5537
80	162.956	2650.3	9.4080	32.566	2649.7	8.6639
100	172.192	2688.0	9.5120	34.418	2687.5	8.7682
120	181.426	2725.9	9.6109	36.269	2725.5	8.8674
140	190.660	2764.0	9.7054	38.118	2763.7	8.9620
160	199.893	2802.3	9.7959	39.967	2802.0	9.0526
180	209.126	2840.7	9.8827	41.815	2840.5	9.1396
200	218.358	2879.4	9.9662	43.662	2879.2	9.2232
220	227.590	2918.3	10.0468	45.510	2918.2	9.3038
240	236.821	2957.5	10.1246	47.357	2957.3	9.3816
260	246.053	2996.8	10.1998	49.204	2996.7	9.4569
280	255.284	3036.4	10.2727	51.051	3036.3	9.5298
300	264.515	3076.2	10.3434	52.898	3076.1	9.6005
350	287.592	3176.8	10.5117	57.514	3176.7	9.7688
400	310.669	3278.9	10.6692	62.131	3278.8	9.9264
450	333.746	3382.4	10.8176	66.747	3382.4	10.0747
500	356.823	3487.5	10.9581	71.362	3487.5	10.2153
550	379.900	3594.4	11.0921	75.978	3594.4	10.3493
600	402.976	3703.4	11.2206	80.594	3703.4	10.4778

续表

p	0.010MPa(t_s=45.799℃)			0.10MPa(t_s=99.634℃)		
	v'	h'	s'	v'	h'	s'
	0.0010103	191.76	1.3028	0.0010431	417.52	1.3028
	m^3/kg	kJ/kg	kJ/(kg·K)	m^3/kg	kJ/kg	kJ/(kg·K)
	v''	h''	s''	v''	h''	s''
	14.673	2583.7	8.1481	1.6943	2675.1	7.3589
	m^3/kg	kJ/kg	kJ/(kg·K)	m^3/kg	kJ/kg	kJ/(kg·K)
t (℃)	v (m^3/kg)	h (kJ/kg)	s [kJ/(kg·K)]	v (m^3/kg)	h (kJ/kg)	s [kJ/(kg·K)]
0	0.0010002	−0.04	−0.0002	0.0010002	0.05	−0.0002
10	0.0010003	42.01	0.1510	0.0010003	42.10	0.1510
20	0.0010018	83.87	0.2963	0.0010018	83.96	0.2963
40	0.0010079	167.51	0.5723	0.0010078	167.59	0.5723
60	15.336	2610.8	8.2313	0.0010171	251.22	0.8312
80	16.268	2648.9	8.3422	0.0010290	334.97	1.0753
100	17.196	2686.9	8.4471	1.6961	2675.9	7.3609
120	18.124	2725.1	8.5466	1.7931	2716.3	7.4665
140	19.050	2763.3	8.6414	1.8889	2756.2	7.5654
160	19.976	2801.7	8.7322	1.9838	2795.8	7.6590
180	20.901	2840.2	8.8192	2.0783	2835.3	7.7482
200	21.826	2879.0	8.9029	2.1723	2874.8	7.8334
220	22.750	2918.0	8.9835	2.2659	2914.3	7.9152
240	23.674	2957.1	9.0614	2.3594	2953.9	7.9940
260	24.598	2996.5	9.1367	2.4527	2993.7	8.0701
280	25.522	3036.2	9.2097	2.5458	3033.6	8.1436
300	26.446	3076.0	9.2805	2.6388	3073.8	8.2148
350	28.755	3176.6	9.4488	2.8709	3174.9	8.3840
400	31.063	3278.7	9.6064	3.1027	3277.3	8.5422
450	33.372	3382.3	9.7548	3.3342	3381.2	8.6909
500	35.680	3487.4	9.8953	3.5656	3486.5	8.8317
550	37.988	3594.3	10.0293	3.7968	3593.5	8.9659
600	40.296	3703.4	10.1579	4.0279	3702.7	9.0946

续表

p	0.5MPa(t_s=151.867℃)			1MPa(t_s=179.916℃)		
	v'	h'	s'	v'	h'	s'
	0.0010925	640.35	1.8610	0.0011272	762.84	2.3188
	m^3/kg	kJ/kg	kJ/(kg·K)	m^3/kg	kJ/kg	kJ/(kg·K)
	v''	h''	s''	v''	h''	s''
	0.37490	2748.6	6.8214	0.191440	2777.7	6.5859
	m^3/kg	kJ/kg	kJ/(kg·K)	m^3/kg	kJ/kg	kJ/(kg·K)
t (℃)	v (m^3/kg)	h (kJ/kg)	s [kJ/(kg·K)]	v (m^3/kg)	h (kJ/kg)	s [kJ/(kg·K)]
0	0.0010000	0.46	−0.0001	0.0009997	0.97	−0.0001
10	0.0010001	42.49	0.1510	0.0009999	42.98	0.1509
20	0.0010016	84.33	0.2962	0.0010014	84.80	0.2961
40	0.0010077	167.94	0.5721	0.0010074	168.38	0.5719
60	0.0010169	251.56	0.8310	0.0010167	251.98	0.8307
80	0.0010288	335.29	1.0750	0.0010286	335.69	1.0747
100	0.0010432	419.36	1.3066	0.0010430	419.74	1.3062
120	0.0010601	503.97	1.5275	0.0010599	504.32	1.5270
140	0.0010796	589.30	1.7392	0.0010783	589.62	1.7386
160	0.38358	2767.2	6.8647	0.0011017	675.84	1.9424
180	0.40450	2811.7	6.9651	0.19443	2777.9	6.5864
200	0.42487	2854.9	7.0585	0.20590	2827.3	6.6931
220	0.44485	2897.3	7.1462	0.21686	2874.2	6.7903
240	0.46455	2939.2	7.2295	0.22745	2919.6	6.8804
260	0.48404	2980.8	7.3091	0.23779	2963.8	6.9650
280	0.50336	3022.2	7.3853	0.24793	3007.3	7.0451
300	0.52255	3063.6	7.4588	0.25793	3050.4	7.1216
350	0.57012	3167.0	7.6319	0.28247	3157.0	7.2999
400	0.61729	3271.1	7.7924	0.30658	3263.1	7.4638
420	0.63608	3312.9	7.8537	0.31615	3305.6	7.5260
440	0.65483	3354.9	7.9135	0.32568	3348.2	7.5866
450	0.66420	3376.0	7.9428	0.33043	3369.6	7.6163
460	0.67356	3397.2	7.9719	0.33518	3390.9	7.6456
480	0.69226	3439.6	8.0289	0.34465	3433.8	7.7033
500	0.71094	3482.2	8.0848	0.35410	3476.8	7.7597
550	0.75755	3589.9	8.2198	0.37764	3585.4	7.8958
600	0.80408	3699.6	8.3491	0.40109	3695.7	8.0259

续表

p	3MPa(t_s=233.893℃)			5MPa(t_s=263.980℃)		
	v'	h'	s'	v'	h'	s'
	0.0012166	1008.2	2.6454	0.0012861	1154.2	2.9200
	m^3/kg	kJ/kg	kJ/(kg·K)	m^3/kg	kJ/kg	kJ/(kg·K)
	v''	h''	s''	v''	h''	s''
	0.066700	2803.2	6.1854	0.039400	2793.6	5.9724
	m^3/kg	kJ/kg	kJ/(kg·K)	m^3/kg	kJ/kg	kJ/(kg·K)
t (℃)	v (m^3/kg)	h (kJ/kg)	s [kJ/(kg·K)]	v (m^3/kg)	h (kJ/kg)	s [kJ/(kg·K)]
0	0.0009987	3.01	0.0000	0.0009977	5.04	0.0002
10	0.0009989	44.92	0.1507	0.0009979	46.87	0.1506
20	0.0010005	86.68	0.2957	0.0009996	88.55	0.2952
40	0.0010066	170.15	0.5711	0.0010057	171.92	0.5704
60	0.0010158	253.66	0.8296	0.0010149	255.34	0.8286
80	0.0010276	377.28	1.0734	0.0010267	338.87	1.0721
100	0.0010420	421.24	1.3047	0.0010410	422.75	1.3031
120	0.0010587	505.73	1.5252	0.0010576	507.14	1.5234
140	0.0010781	590.92	1.7366	0.0010768	592.23	1.7345
160	0.0011002	677.01	1.9400	0.0010988	678.19	1.9377
180	0.0011256	764.23	2.1369	0.0011240	765.25	2.1342
200	0.0011549	852.93	2.3284	0.0011529	853.75	2.3253
220	0.0011891	943.65	2.5162	0.0011867	944.21	2.5125
240	0.068184	2823.4	6.2250	0.0012266	1037.3	2.6976
260	0.072828	2884.4	6.3417	0.0012751	1134.3	2.8829
280	0.077101	2940.1	6.4443	0.042228	2855.8	6.0864
300	0.084191	2992.4	6.5371	0.045301	2923.3	6.2064
350	0.090520	3114.4	6.7414	0.051932	3067.4	6.4477
400	0.099352	3230.1	6.9199	0.057804	3194.9	6.6446
420	0.102787	3275.4	6.9864	0.060033	3243.6	6.7159
440	0.106180	3320.5	7.0505	0.062216	3291.5	6.7840
450	0.107864	3343.0	7.0817	0.063291	3315.2	6.8170
460	0.109540	3365.4	7.1125	0.064358	3338.8	6.8494
480	0.112870	3410.1	7.1728	0.066469	3385.6	6.9125
500	0.116174	3454.9	7.2314	0.068552	3432.2	6.9735
550	0.124349	3566.9	7.3718	0.073664	3548.0	7.1187
600	0.132427	3679.9	7.5051	0.078675	3663.9	7.2553

续表

p	7MPa(t_s=285.869℃)			10MPa(t_s=311.037℃)		
	v'	h'	s'	v'	h'	s'
	0.0013515	1266.9	3.1210	0.0014522	1407.2	3.3591
	m^3/kg	kJ/kg	kJ/(kg·K)	m^3/kg	kJ/kg	kJ/(kg·K)
	v''	h''	s''	v''	h''	s''
	0.027400	2771.7	5.8129	0.018000	2724.5	5.6139
	m^3/kg	kJ/kg	kJ/(kg·K)	m^3/kg	kJ/kg	kJ/(kg·K)
t (℃)	v (m^3/kg)	h (kJ/kg)	s [kJ/(kg·K)]	v (m^3/kg)	h (kJ/kg)	s [kJ/(kg·K)]
0	0.0009967	7.07	0.0003	0.0009952	10.09	0.0004
10	0.0009970	48.80	0.1504	0.0009956	51.70	0.1550
20	0.0009986	90.42	0.2948	0.0009973	93.22	0.2942
40	0.0010048	173.69	0.5696	0.0010035	176.34	0.5684
60	0.0010140	257.01	0.8275	0.0010127	259.53	0.8259
80	0.0010258	340.46	1.0708	0.0010244	342.85	1.0688
100	0.0010399	424.25	1.3016	0.0010385	426.51	1.2993
120	0.0010565	508.55	1.5216	0.0010549	510.68	1.5190
140	0.0010756	593.54	1.7325	0.0010738	595.50	1.7924
160	0.0010974	679.37	1.9353	0.0010953	681.16	1.9319
180	0.0011223	766.28	2.1315	0.0011199	767.84	2.1275
200	0.0011510	854.59	2.3222	0.0011481	855.88	2.3176
220	0.0011842	944.79	2.5089	0.0011807	945.71	2.5036
240	0.0012235	1037.6	2.6933	0.0012190	1038.0	2.6870
260	0.0012710	1134.0	2.8776	0.0012650	1133.6	2.8698
280	0.0013307	1235.7	3.0648	0.0013222	1234.2	3.0549
300	0.029457	2837.5	5.9291	0.0013975	1342.3	3.2469
350	0.035225	3014.8	6.2265	0.022415	2922.1	5.9423
400	0.039917	3157.3	6.4465	0.026402	3095.8	6.2109
450	0.044143	3286.2	6.6314	0.029735	3240.5	6.4184
500	0.048110	3408.9	6.7954	0.032750	3372.8	6.5954
520	0.049649	3457.0	6.8569	0.033900	3423.8	6.6605
540	0.051166	3504.8	6.9164	0.035027	3474.1	6.7232
550	0.051917	3528.7	6.9456	0.035582	3499.1	6.7537
560	0.052664	3552.4	6.9743	0.036133	3523.9	6.7837
580	0.054147	3600.0	7.0306	0.037222	3573.3	6.8423
600	0.055617	3647.5	7.0857	0.038297	3622.5	6.8992

续表

p	14MPa(t_s=336.707℃)			20.0MPa(t_s=365.789℃)		
	v'	h'	s'	v'	h'	s'
	0.0016097	1570.4	3.6220	0.002037	1827.2	4.0153
	m^3/kg	kJ/kg	kJ/(kg·K)	m^3/kg	kJ/kg	kJ/(kg·K)
	v''	h''	s''	v''	h''	s''
	0.011500	2637.1	5.3711	0.0058702	2413.1	4.9322
	m^3/kg	kJ/kg	kJ/(kg·K)	m^3/kg	kJ/kg	kJ/(kg·K)
t (℃)	v (m^3/kg)	h (kJ/kg)	s [kJ/(kg·K)]	v (m^3/kg)	h (kJ/kg)	s [kJ/(kg·K)]
0	0.0009933	14.10	0.0005	0.0009904	20.08	0.0006
10	0.0009938	55.55	0.1496	0.0009911	61.29	0.1488
20	0.0009955	96.95	0.2932	0.0009929	102.50	0.2919
40	0.0010018	179.86	0.5669	0.0009992	185.13	0.5645
60	0.0010109	262.88	0.8239	0.0010084	267.90	0.8207
80	0.0010226	346.04	1.0663	0.0010199	350.82	1.0624
100	0.0010365	429.53	1.2962	0.0010336	434.06	1.2917
120	0.0010527	513.52	1.5155	0.0010496	517.79	1.5103
140	0.0010714	598.14	1.7254	0.0010679	602.12	1.7195
160	0.0010926	683.56	1.9273	0.0010886	687.20	1.9206
180	0.0011167	769.96	2.1223	0.0011121	773.19	2.1147
200	0.0011443	857.63	2.3116	0.0011389	860.36	2.3029
220	0.0011761	947.00	2.4966	0.0011695	949.07	2.4865
240	0.0012132	1038.6	2.6788	0.0012051	1039.8	2.6670
260	0.0012574	1133.4	2.8599	0.0012469	1133.4	2.8457
280	0.0013117	1232.5	3.0424	0.0012974	1230.7	3.0249
300	0.0013814	1338.2	3.2300	0.0013605	1333.4	3.2072
350	0.013218	2751.2	5.5564	0.0016645	1645.3	3.7275
400	0.017218	3001.1	5.9436	0.0099458	2816.8	5.5520
450	0.020074	3174.2	6.1919	0.0127013	3060.7	5.9025
500	0.022512	3322.3	6.3900	0.0147681	3239.3	6.1415
520	0.023418	3377.9	6.4610	0.0155046	3303.0	6.2229
540	0.024295	3432.1	6.5285	0.0162067	3364.0	6.2989
550	0.024724	3458.7	6.5611	0.0165471	3393.7	6.3352
560	0.025147	3485.2	6.5931	0.0168811	3422.9	6.3705
580	0.025978	3537.5	6.6551	0.0175328	3480.3	6.4385
600	0.026792	3589.1	6.7149	0.0181655	3536.3	6.5035

续表

p	25MPa			30MPa		
t (℃)	v (m³/kg)	h (kJ/kg)	s [kJ/(kg·K)]	v (m³/kg)	h (kJ/kg)	s [kJ/(kg·K)]
0	0.0009880	25.01	0.0006	0.0009857	29.92	0.0005
10	0.0009888	66.04	0.1481	0.0009866	70.77	0.1474
20	0.0009908	107.11	0.2907	0.0009887	111.71	0.2895
40	0.0009972	189.51	0.5626	0.0009951	193.87	0.5606
60	0.0010063	272.08	0.8182	0.0010042	276.25	0.8156
80	0.0010177	354.80	1.0593	0.0010155	358.78	1.0562
100	0.0010313	437.85	1.2880	0.0010290	441.64	1.2844
120	0.0010470	521.36	1.5061	0.0010445	524.95	1.5019
140	0.0010650	605.46	1.7147	0.0010622	608.82	1.7100
160	0.0010854	690.27	1.9152	0.0010822	693.36	1.9098
180	0.0011084	775.94	2.1085	0.0011048	778.72	2.1024
200	0.0011345	862.71	2.2959	0.0011303	865.12	2.2890
220	0.0011643	950.91	2.4785	0.0011593	952.85	2.4706
240	0.0011986	1041.0	2.6575	0.0011925	1042.3	2.6485
260	0.0012387	1133.6	2.8346	0.0012311	1134.1	2.8239
280	0.0012866	1229.6	3.0113	0.0012766	1229.0	2.9985
300	0.0013453	1330.3	3.1901	0.0013317	1327.9	3.1742
350	0.0015981	1623.1	3.6788	0.0015522	1608.0	3.6420
400	0.0060014	2578.0	5.1386	0.0027929	2150.6	4.4721
450	0.0091666	2950.5	5.6754	0.0067363	2822.1	5.4433
500	0.0111229	3164.1	5.9614	0.0086761	3083.3	5.7934
520	0.0117897	3236.1	6.0534	0.0093033	3165.4	5.8982
540	0.0124156	3303.8	6.1377	0.0098825	3240.8	5.9921
550	0.0127161	3336.4	6.1775	0.0101580	3276.6	6.0359
560	0.0130095	3368.2	6.2160	0.0104254	3311.4	6.0780
580	0.0135778	3430.2	6.2895	0.0109397	3378.5	6.1576
600	0.0141249	3490.2	6.3591	0.0114310	3442.9	6.2321

附录5 空气的热物理性质

温度(℃)	密度(kg/m³)	质量定压热容[10⁻³J/(kg·K)]	导热系数[10⁻³W/(m·K)]	导温系数($10^5m^2/s$)	动力黏度($10^5Pa·s$)	运动黏度($10^6m^2/s$)	普朗特数
−50	1.584	1.013	2.034	1.27	1.46	9.23	0.727
−40	1.515	1.013	2.005	1.38	1.52	10.04	0.723
−30	1.453	1.013	2.196	1.49	1.57	10.80	0.724
−20	1.395	1.009	2.278	1.62	1.62	11.60	0.717
−10	1.342	1.009	2.359	1.74	1.67	12.43	0.714
0	1.293	1.005	2.440	1.88	1.72	13.28	0.708
10	1.247	1.005	2.510	2.01	1.77	14.16	0.708
20	1.205	1.005	2.581	2.14	1.81	15.06	0.686
30	1.165	1.005	2.673	2.29	1.86	16.00	0.701
40	1.128	1.005	2.754	2.43	1.91	16.96	0.696
50	1.093	1.005	2.824	2.57	1.96	17.95	0.697
60	1.060	1.005	2.893	2.72	2.01	18.97	0.698
70	1.029	1.009	2.963	2.86	2.06	20.02	0.701
80	1.000	1.009	3.004	3.02	2.11	21.09	0.699
90	0.972	1.009	3.126	3.19	2.15	22.10	0.693
100	0.946	1.009	3.207	3.36	2.19	23.13	0.695
120	0.898	1.009	3.335	3.68	2.29	25.45	0.692
140	0.854	1.013	3.486	4.03	2.37	27.80	0.688
160	0.815	1.017	3.637	4.39	2.45	30.09	0.685
180	0.779	1.022	3.777	4.75	2.53	32.49	0.684
200	0.746	1.026	3.928	5.14	2.60	34.85	0.679
250	0.674	1.038	4.625	6.10	2.74	40.61	0.666
300	0.615	1.047	4.602	7.16	2.97	48.33	0.675
350	0.566	1.059	4.904	8.19	3.14	55.46	0.677
400	0.524	1.068	5.206	9.31	3.31	63.09	0.679
500	0.456	1.093	5.740	11.53	3.62	79.38	0.689
600	0.404	1.114	6.217	13.83	3.91	96.89	0.700
700	0.362	1.135	6.70	16.34	4.018	115.4	0.707
800	0.329	1.156	7.170	18.88	4.43	134.8	0.714
900	0.301	1.172	7.623	21.82	4.67	155.1	0.719
1000	0.277	1.185	8.064	24.59	4.90	177.1	0.719
1100	0.257	1.197	8.4945	27.63	5.12	199.3	0.721
1200	0.239	1.210	9.145	31.65	5.35	233.7	0.717

注：$P=101.325kPa$。

附录6 有代表性流体的污垢热阻

流体	流速(m/s)	
	≤1	>1
海水	1.0×10^{-4}	1.0×10^{-4}
澄清的河水	3.5×10^{-4}	1.8×10^{-4}
污浊的河水	5.0×10^{-4}	3.5×10^{-4}
硬度不大的井水、自来水	1.8×10^{-4}	1.8×10^{-4}
冷却塔或喷淋室循环水(经处理)	1.8×10^{-4}	1.8×10^{-4}
冷却塔或喷淋室循环水(未经处理)	5.0×10^{-4}	5.0×10^{-4}
处理过的锅炉给水(50℃以下)	1.0×10^{-4}	1.0×10^{-4}
处理过的锅炉给水(50℃以上)	2.0×10^{-4}	2.0×10^{-4}
硬水(>257g/m^3)	5.0×10^{-4}	5.0×10^{-4}
燃料油	9.0×10^{-4}	9.0×10^{-4}
制冷液	2.0×10^{-4}	2.0×10^{-4}

注：污垢热阻的单位为 $m^2\cdot K/W$。

附录7 总传热系数有代表性的数值

流体组合	总传热系数［W/(m^2·K)］
水—水	850～1700
水—油	110～350
水蒸气冷凝器(水在管内)	1000～6000
氨冷凝器(水在管内)	800～1400
酒精冷凝器(水在管内)	250～700
肋片换热器(水在管内，空气为叉流)	25～50

附录8 阀门及管件的局部阻力系数

序号	名称	局部阻力系数				
1	截止阀普通型	4.3～6.1				
	截止阀斜柄型	2.5				
	截止阀直通型	0.6				
2	止回阀升降式	7.5				
	止回阀旋启式	管径	150	200	250	300
		系数	6.5	5.5	4.5	3.5

续表

序号	名称	局部阻力系数								
3	蝶阀	0.1～0.3								
4	闸阀	管径	15	20～50	80	100	150	200～250	300～450	
		系数	1.5	0.5	0.4	0.2	0.1	0.08	0.07	
5	旋塞阀	0.05								
6	变径管(缩小)	0.10								
	变径管(扩大)	0.30								
7	普通弯头 900	0.30								
	普通弯头 450	0.15								
8	焊接弯头	管径	80	100	150	200	250	300		
	900	系数	0.51	0.63	0.72	0.72	0.87	0.78		
	450	系数	0.26	0.32	0.36	0.36	0.44	0.39		
9	弯管(煨弯)900	管径/曲率半径	0.5	1.0	1.5	2.0	3.0	4.0		
		系数	1.2	0.8	0.6	0.48	0.36	0.30		
10	水箱接管进水口	1.0								
	水箱接管出水口	0.5								
11	滤水网	管径	40	50	80	100	150	200	250	300
	有底阀	系数	12	10	8.5	7.0	6.0	5.2	4.4	3.7
	无底阀	系数	2～3	2～3	2～3	2～3	2～3	2～3	2～3	2～3
12	水泵入口	1.0								

附录 9 法定计量单位概况

国际单位制的基本单位 **附表 9-1**

量的名称	单位名称	单位符号
长 度	米	m
质 量	千克(公斤)	kg
时 间	秒	s
电 流	安［培］	A
热力学温度	开［尔文］	K
物质的量	摩［尔］	mol
发光强度	坎［德拉］	cd

国际单位制的辅助单位 **附表 9-2**

量的名称	单位名称	单位符号
平 面 角	弧 度	rad
立 体 角	球 面 度	sr

国际单位制中具有专门名称的导出单位 **附表 9-3**

量的单位	单位名称	单位符号	其他表示式例
频率	赫［兹］	Hz	s^{-1}
力；重力	牛［顿］	N	$kg \cdot m/s^2$
压力；压强；应力	帕［斯卡］	Pa	N/m^2
能量；功；热	焦［耳］	J	$N \cdot m$
功率；辐射通量	瓦［特］	W	J/s
电荷量	库［仑］	C	$A \cdot s$
电位；电压；电动势	伏［特］	V	W/A
电容	法［拉］	F	C/V
电阻	欧［姆］	Ω	V/A
电导	西［门子］	S	A/V
磁通量	韦［伯］	Wb	$V \cdot s$
磁通量密度；磁感应强度	特［斯拉］	T	Wb/m^2
电感	亨［利］	H	Wb/A
摄氏温度	摄氏度	℃	
光通量	流［明］	lm	$cd \cdot sr$
光照度	勒［克斯］	lx	lm/m^2
放射性活度	贝可［勒尔］	Bq	s^{-1}
吸收剂量	戈［瑞］	Gy	J/kg
剂量当量	希［沃特］	Sv	J/kg

国家选定的非国际单位制单位 **附表 9-4**

量的名称	单位名称	单位符号	换算关系和说明
时间	分 ［小］时 ［天］日	min h d	1min=60s 1h=60min=3600s 1d=24h=86400s
平面角	［角］秒 ［角］分 度	(″) (′) (。)	1″=(π/648000)rad 1′=60″=(π/10800)rad 1°=60′=(π/180)rad
旋转速度	转每分	r/min	$1r/min=(1/60)s^{-1}$
长度	海里	n mile	1n mile=1852m
速度	节	kn	1kn =1n mile/h =(1852/3600)m/s
质量	吨 原子质量单位	t u	$1t=10^3kg$
体积	升	L；(l)	$1L=1dm^3=10^{-3}m^3$
能	电子伏	Ev	$1ev \approx 1.6021892 \times 10^{-19}J$
级差	分贝	dB	
线密度	特［克斯］	tex	1tex=1g/km

用于构成十进倍数和分数单位的词头 附表 9-5

所表示的因数	词 头 名 称	词 头 符 号
10^{18}	艾［可萨］	E
10^{15}	拍［它］	P
10^{12}	太［拉］	T
10^{9}	吉［咖］	G
10^{8}	兆	M
10^{3}	千	K
10^{2}	百	H
10^{1}	十	da
10^{-1}	分	d
10^{-2}	厘	c
10^{-3}	毫	m
10^{-6}	微	μ
10^{-9}	纳［诺］	n
10^{-12}	皮［可］	p
10^{-15}	飞［母托］	f
10^{-18}	啊［托］	a

注：1. 周、月、年(年的符号为 a)为一般常用时间单位。
2. [ ]内的字，是在不致混淆的情况下，可以省略的字。
3. ( )内的字为前者的同义语。
4. 角度单位度分秒的符号不处于数字后时，用括弧。
5. 升的符号中，小写字母 l 为备用符号。
6. r 为“转”的符号。
7. 人民生活和贸易中，质量习惯称为重量。
8. 公里为千米的俗称，符号为 km。
9. 10^4 称为万，10^8 称为亿，10^{12}称为万亿，这类数词的使用不受词头的影响，但不应与词头混淆。

单位符号常见错误举例 附表 9-6

量	单位名称	错误或不恰当的符号	正确的符号	说 明
长度	微米 毫米 厘米 米 千米	μ，Mm，mu m/m，MM 公分 公尺，M KM	μm mm cm，厘米 m km	μ 只是 SI 词头 只能小写 只能小写
质量	克 千克 吨	gr，gm，公分 KG，KGS，Kg，kgm T，公吨	g kg t，吨	 只能小写
力	牛顿	牛顿，nt	牛，N	单位的中文符号只能用简称
体积容积	毫升 升 立方米	cc；c. c. 公升，立升，立 cum，立米，立方米	Ml，ml L，l，升 m^3，米^3	

续表

量	单位名称	错误或不恰当的符号	正确的符号	说　明
时间	秒 分 小时 年	sec，S，(″) (′) hr y，yr	s min h a	
级差	分贝	db	dB	“贝”来源于人名，应大写
速度	米每秒	秒米	米/秒 m/s	
转速	转/分	rpm	r/min	
温度	摄氏度 开［尔文］	摄氏10度 开氏度，绝对度，deg	10℃ 开，k	℃是整体符号不能分开
物质的量	摩［尔］	克分子，克原子 克当量，val，Tom	mol，摩	
物质的量浓度	摩［尔］每升	M	mol/L	
电流	安［培］	amp，a	A	
电阻	千欧［姆］	K，k，KΩ	kΩ	
电容	微法［拉］	mf，mF，μ	μF	
发光强度	坎［德拉］	新烛光，烛光，支光，支	cd，坎	
频率	赫［兹］	周，兆周，周/秒	Hz，MHz，赫	

常见应废除的单位　　**附表 9-7**

单位名称	单位符号	与SI单位的换算系数	说　明
毫米水柱	mmH_2O	$1mmH_2O=9.8Pa$	
达因	dyn	$1dyn=10^{-5}N$	
千克力	kgf	1kgf=9.8N	
标准大气压	atm	1atm=101325Pa	
工程大气压	at	1at=98066.5Pa	
毫米汞柱	mmHg	1mmHg=133.322Pa	
托	Torr	1Torr=133.322Pa	
巴	bar	$1bar=10^5Pa$	
公亩	a	$1a=100m^2$	*
公顷	ha	$1ha=10^4m^2$	*
靶恩	b	$1b=10^{-28}m$	*
伽	Gal	$1Gal=10^{-2}m/s^2$	*
马力		1马力=735.499W	米制马力
15℃卡	cal_{15}	$1cal_{15}=4.1855J$	
国际蒸汽表卡	cal	1cal=4.1868J	
热化学卡	cal_{th}	$1cal_{th}=4.184J$	

续表

单位名称	单位符号	与SI单位的换算系数	说明
尔格	erg	$1erg=10^{-7}J$	
泊	p	1P=0.1Pa·s	
斯托克斯	St	$1St=10^{-4}m^2/s$	
乏	var	1var=1W	*
伏安	V·A	1=1W	*
高斯	Gs	$1Gs\approx10^{-4}T$	
麦克斯韦	Mx	$1Mx\approx10^{-8}Wb$	
奥斯特	Oe	$1Oe\approx[1000/(4\pi)]A/m$	
居里	Ci	$1Ci=3.7\times10^{10}Bq$	*
伦琴	R	$1R=2.58\times10^{-4}C/kg$	*
拉德	rad	$1rad=10^{-2}Gy$	*
雷姆	rem	$1rem=10^{-2}Sy$	*
楞次	lenz	1lenz=1A/m	
尼特	nt	$1nt=1cd/m^2$	
熙提	sb	$1sb=10^4cd/m^2$	
辐透	ph	$1ph=10^4lx$	
克拉		1克拉=0.2g	米制克拉
费密	femi	$1femi=10^{-15}m$	
天文单位距离	A	1A=149597870000m	
秒差距	pc	$1pc=30.857\times10^{15}m$	
光年	l. y.	$1l.y.=9.46053\times10^{15}m$	
码	yd	1yd=0.9144m	
英尺	ft	1ft=0.3048m	
英寸	in	1in=0.0254m	

注：在说明栏中标有*的单位，为国际上专门领域内还可以暂时使用的单位。

参 考 文 献

[1] 齐冬子. 敞开式循环冷却水系统的化学处理. 北京：化学工业出版社，2001.
[2] 章熙民，任泽霈，梅飞鸣等. 传热学. 北京：中国建筑工业出版社，1985.
[3] 赵荣义，范存养，薛殿华等. 空气调节(第三版). 北京：中国建筑工业出版社，1994.
[4] 别尔曼. 循环水的蒸发冷却. 胡伦祯译. 北京：中国工业出版社，1965.
[5] 王启山. 冷却塔热力计算的数学模型. 中国给水排水，1996.12(5)：4～7.
[6] 沈仲韬. 引进冷却塔的技术改造. 给水排水，1994.20(10)：38～40.
[7] 许保玖. 给水处理理论. 北京：中国建筑工业出版社，2000.
[8] 周兴禧. 制冷空调工程中的质量传递. 上海：上海交通大学出版社，1991.
[9] 钱焕群，郭怀德，金安. 冷却塔冷却过程的模拟计算. 暖通空调，1999.29(1)：59～61.
[10] A. K. Majumdar，A. K. Singhal，D. B. Spalding. Numerical modeling of wet cooling towers part 1：mathematical and physical models. Transactions of the ASME. 1983. 105(11)：728～735.
[11] A. K. Majumdar，A. K. Singhal，D. B. Spalding. Numerical modeling of wet cooling towers part 2：application to natural and mechanical draft towers. Transactions of the ASME. 1983. 105(11)：736～743.
[12] 史佑吉. 冷却塔运行与试验. 北京：水利电力出版社，1990.
[13] 北京制冷学会. 制冷与空调设备手册. 北京：国防工业出版社，1987.
[14] 刘随兵，周琪，董秉直等. 冷却塔高效节能的研究进展. 给水排水，1999.25(5)：61～64.
[15] 薛典华，许为民，吕志先等. 喷射式冷却塔的试验研究. 暖通空调，1996.26(6)：39～42.
[16] 李志浩. 近两年来国内空调技术新进展. 暖通空调新技术，1999，1：42～43.
[17] 曾昭琪. 循环冷却水中的微生物腐蚀危害及其控制. 化工给水排水，1984，6：1～5.
[18] 陆柱，陈中兴，蔡兰坤等. 水处理技术. 上海：华东理工大学出版社，2000.
[19] 龙荷云. 循环冷却水处理(第三版). 南京：江苏科学技术出版社，2001.
[20] 刘燕敏. 冷却塔的冷却水温对军团菌和设备费用的影响. 暖通空调，1999.29(2)：16～19.
[21] 舒墨. 警惕城市文明病军团病. 北京晨报，2000.7.16.
[22] 刘曼. 军团病偷袭空调白领. 北京娱乐信报，2002.9.21.
[23] 赵永韬. 冷却水的腐蚀监测发展概况. 四川化工与腐蚀控制，1998.6：1～3.
[24] 蒋汉文，邱信立，章成骏等. 工程热力学. 北京：中国建筑工业出版社，1979.
[25] 陈沛霖，曹叔维，郭建雄. 空调负荷计算理论与方法. 上海：同济大学出版社，1987.
[26] 李永安，赵堂虎，尚丰伟. 空调用冷却塔室外气象条件的确定. 制冷，1996.15(1)：60～63.
[27] 田胜元，萧日嵘. 实验设计与数据处理. 北京：中国建筑工业出版社，1988.
[28] 盛钧平. 取水与冷却技术. 武汉：武汉测绘科技大学出版社，1991.
[29] 李惕碚. 实验的数学处理. 北京：科学出版社，1980.
[30] 陈希孺. 统计学概貌. 北京：科学技术文献出版社，1989.
[31] 么枕生. 气候统计学基础. 北京：科学出版社，1984.
[32] 屠其璞，王俊德，丁裕国等. 气象应用概率统计学. 北京：气象出版社，1984.
[33] 李永安，尚丰伟. 新型封闭式冷却塔. 中国给水排水，1998.14(2)：61.
[34] 黄翔，朱昆莉，周阳等. 近年来空调喷水室喷嘴的理论与实验研究. 建筑热能通风空调，2001.20

(4)：1～4.
[35] 马最良，孙宇辉. 冷却塔供冷技术的原理及分析. 暖通空调，1998. 28(6)：27～30.
[36] Y. A. Li，M. Z. Yu，F. W. Shang，et al. The development of a mathematical model with an analytical solution of the counterflow closed circuit cooling towers. Int. J. on Architectural Science，2000. 1(3)：120～122.
[37] 俞佐平. 传热学. 北京：人民教育出版社，1979.
[38] 杰姆斯. 苏赛克. 传热学(下). 俞佐平，裘烈钧，李承欧等译. 北京：人民教育出版社，1981.
[39] 李永安，尚丰伟，潘强. 空调用封闭式冷却塔的研究. 制冷学报，1997. 18(1)：48～50.
[40] 卓宁，孙家庆. 工程对流换热. 北京：机械工业出版社，1982.
[41] 靳明聪，程尚模，赵永湘. 换热器. 重庆：重庆大学出版社，1990.
[42] 李永安，尚丰伟，焦明先. 空调用封闭式冷却塔热工性能的动态仿真及实验研究. 制冷学报，1998. 19(4)：66～70.
[43] ASHRAE. ASHRAE handbook of HVAC systems and equipment. American society of heating，refrigeration and air conditioning engineers，Atlanta，GA，USA，2000. 36. 1～36. 18.
[44] 宋岗，蒋欣元. 热工测试技术及研究方法. 北京：中国建筑工业出版社，1986.
[45] 朱祖涛. 热工测量和仪表. 北京：水利电力出版社，1991.
[46] 张子慧. 热工测量与自动调节. 北京：中国建筑工业出版社，1983.
[47] 孙一坚. 工业通风. 北京：中国建筑工业出版社，1980.
[48] D. R. Mirth，S. Ramadhyani. Performance of chilled-water cooling coils. HVAC&R，1995.
[49] 李燕城. 水处理实验技术. 北京：中国建筑工业出版社，1989.
[50] 陈在康，武建勋，施鑑诺. 暖通计算机方法. 北京：中国建筑工业出版社，1985.
[51] 施鑑诺，王世洪，贾衡. 空调专业实用 CAD 技术. 北京：北京工业大学出版社，1989.
[52] 刘朝贤. 夏季新风逐时冷负荷计算方法的探讨. 暖通空调，1999. 29(6)：65～67.
[53] 蒋宗礼. 人工神经网络导论. 北京：高等教育出版社，2001.
[54] 袁曾任. 人工神经元网络及其应用. 北京：清华大学出版社，1999.
[55] 沈世镒. 神经网络系统理论及其应用. 北京：科学出版社，2000.
[56] 朱剑英. 智能系统非经典数学方法. 武汉：华中科技大学出版社，2001.
[57] 牛东晓，曹树华，赵磊等. 电力负荷预测技术及其应用. 北京：中国电力出版社，1998.
[58] 唐启义，冯明光. 实用统计分析及其 DPS 数据处理. 北京：科学出版社，2002.
[59] 姜益强，姚杨，马最良. 基于人工神经网络的空气源热泵冷热水机组的性能模拟. 流体机械，2002. 30(5)：59～61.
[60] 李海霖，黄道. 使用人工神经网络预测内部风速系数. 通风除尘，1998. 17(3)：17～19.
[61] 常虹，何正廉. 神经网络与模糊技术的结合与发展. 计算机应用研究，2001. 6：4～6.
[62] 周谟仁. 流体力学泵与风机. 北京：中国建筑工业出版社，1979.
[63] 魏润柏. 通风工程空气流动理论. 北京：中国建筑工业出版社，1981.
[64] 陈沛霖，岳孝芳. 空调与制冷技术手册. 上海：同济大学出版社，1990.
[65] 杨强生. 对流传热与传质. 北京：高等教育出版社，1985.
[66] 胡志成，双燕萍. 加热与冷却. 北京：化学工业出版社，1997.
[67] J. P. Holman. Heat transfer. USA：Mcgraw-hiu book company，1976. 385～424.
[68] E. R. G. Eckert. Analysis of heat and mass transfer. USA：Mcgraw-hill kogakusha，LTD，1972. 353～388.
[69] Victor L. Streeter，E. Benjamin Wylie. Fluid mechanics，USA：Mc graw - hill book company，1979. 182～261.
[70] Yongan Li，Mingzhi Yu. Fast rotary dirt remover in air conditioring systems. Proceeding s of the 3rd

international symposium on heating，ventilation and air conditiming，1999. 811～816.

[71] Hou Manxi. Refrigeration and air conditioning. Chongqing：Chongqing University Press，1990：41～44.

[72] Joh. R. Thoms，Jean Ei Haial. Simulation of flow patterns and evaporation in horizontal flattened tubes. ASHRAE Transactions，2002. Part2. 603～612.

[73] J. Darabi，M. M. ohodi，S. V. Desiatoun . Falling film and spray evaporation enhancement using an applied electric field . Journal of Heat Transfer，2000. 121(4)：741～748.

[74] 张兆顺，崔桂香. 流体力学. 北京：清华大学出版社，1999.

[75] 闫珊华，贺仲雄. 懂一点模糊数学. 北京：中国青年出版社，1985.

[76] 王彩华，宋连天. 模糊论方法学. 北京：中国建筑工业出版社，1988.

[77] 曹鸿兴，陈国范. 模糊集方法及其在气象中的应用. 北京：气象出版社，1988.

[78] 黄克中，毛善培. 随机方法与模糊数学应用. 上海：同济大学出版社，1987.

[79] 解频，李永安，徐广利. 湿球温度对逆流式封闭冷却塔性能的影响. 山东轻工业学院学报，1999. 13(增)：22～24.

[80] Li Yong' an，Yu Mingzhi，Shang Fengwei，et al. Influence of spray water flow on performance of counterflow closed circuit cooling towers in air conditioning systems. Refrigeration science and technology，2000(3)：264～268.

[81] 李永安，尚丰伟，潘强. 空调用封闭式冷却塔的研制与性能实验. 通风除尘，1997. 16(2)：30～32.

[82] Jean-Robert Millat. Guidance and tools for night and evaporative cooling in office buildings. ASHRAE Transactions，2002. part 2：511～524.

[83] Jean Lebran，C. Aparecide Sila. Cooling tower model and experimental Validation. ASHRAE Transactions，2002. part 1：751～759.

[84] 刘学来. 热工学理论基础. 北京：中国电力出版社，2005.

[85] 赵淑敏，郭卫琳，刘丽莘. 工业通风空气调节. 北京：中国电力出版社，2004.

[86] 史美中，王中铮. 换热器原理与设计. 南京：东南大学出版社，1989.

[87] 连之伟，张寅平，陈宝明. 热质交换原理与设备第二版). 北京：中国建筑工业出版社，2006.

[88] 工业循环水冷却设计规范(GB/T 50102—2003). 北京：中国计划出版社，2003.

[89] 李永安，于明志. 空调冷却水系统快速水力计算表. 制冷，2000(1).

[90] 严家禄，徐晓福. 水和水蒸气热力性质图表(第二版). 北京：高等教育出版社，2004.

[91] 张立明. 人工神经网络的模型及其应用. 上海：复旦大学出版社，1993.

[92] 李永安. 标准年气象资料的研究和应用. 通风除尘 . 1993. 12(2).

[93] 李永安，常静，徐广利，等. 封闭式冷却塔供冷系统气象条件分析. 暖通空调，2005. 35(6).

[94] 李永安，李继志，张兆清. 空调用封闭式冷却塔空气动力特性的实验研究. 流体机械，2005，33(7).

[95] 李永安，刘杰，李继志. 空调用封闭式冷却塔热工性能的实验方法. 实验室研究与探索，2005(1).

[96] 张晓峰，李永安，毕海洋. 冷却塔风筒内流速场分布的研究. 流体机械，2003(9).

[97] 夏军，黄国和，庞进武等. 可持续水资源管理——理论・方法・应用. 北京：化学工业出版社，2005.

[98] 李广贺，张旭，张思聪等. 水资源利用与保护. 北京：中国建筑工业出版社，2002.

[99] 廉东明，谭羽非，吴家正等. 工程热力学(第五版). 北京：中国建筑工业出版社，2007.